高等职业教育"十三五"规划教材

高等应用数学

主　编　李玉贤
副主编　杨培凤
参　编　朱学荣　马　兰　张　航
　　　　李艳光　于宏坤
主　审　朱学荣

北京理工大学出版社
BEIJING INSTITUTE OF TECHNOLOGY PRESS

版权专有 侵权必究

图书在版编目(CIP)数据

高等应用数学/李玉贤主编. —北京:北京理工大学出版社,2016.8(2020.9重印)

ISBN 978－7－5682－2866－4

Ⅰ. ①高… Ⅱ. ①李… Ⅲ. ①应用数学－高等职业教育－教材 Ⅳ. ①O29

中国版本图书馆 CIP 数据核字(2016)第 197352 号

出版发行 / 北京理工大学出版社有限责任公司
社　　址 / 北京市海淀区中关村南大街 5 号
邮　　编 / 100081
电　　话 / (010)68914775(总编室)
　　　　　　(010)82562903(教材售后服务热线)
　　　　　　(010)68948351(其他图书服务热线)
网　　址 / http://www.bitpress.com.cn
经　　销 / 全国各地新华书店
印　　刷 / 三河市天利华印刷装订有限公司
开　　本 / 787 毫米×1092 毫米　1/16
印　　张 / 11.5　　　　　　　　　　　　　　　　　　责任编辑 / 李秀梅
字　　数 / 264 千字　　　　　　　　　　　　　　　　文案编辑 / 杜春英
版　　次 / 2016 年 8 月第 1 版　2020 年 9 月第 10 次印刷　责任校对 / 周瑞红
定　　价 / 26.00 元　　　　　　　　　　　　　　　　责任印制 / 马振武

图书出现印装质量问题,请拨打售后服务热线,本社负责调换

前　言

高等数学是高职高专各专业的一门必修的公共基础课,是学好专业课程的基础和工具.为了更好地为专业课服务,根据教育部对《高等数学课程教学基本要求》及各专业对这门课的需求,我们编写了这本《高等应用数学》教材.

本书是在高职院校数学课程内容重构、学时减少的前提下编写的.该书的编写本着"以应用为目的,以必需、够用为度"的原则,立足于体现高职教学改革的指导方针,力求做到结合专业的特点,强化技能培养.

本教材内容具有以下特点:

(1)突出强调数学概念与实际问题的联系.

(2)淡化逻辑证明,充分利用实例及几何说明帮助学生理解有关概念和理论.

(3)充分考虑高职学生的数学基础,较好地处理了初等数学与高等数学的过渡与衔接.

(4)优选了微积分在几何、物理、经济等多领域的应用实例,适用专业面宽.

(5)每节均配有A、B两组习题,便于不同层次的学生巩固基础知识,提高基本技能,并在每章后配有自测题,加强对教材内容的理解,有利于培养学生应用数学知识解决实际问题的能力.

(6)各章末附有数学家、数学史或相关数学知识方面的阅读材料,有利于学生更加深入地理解、学习数学知识.

本书主要内容包括:函数、极限与连续,导数与微分,导数的应用,不定积分,定积分及其应用.本书适用于高职高专院校三年制工科专业及管理专业78～96学时的教学.

本书由内蒙古建筑职业技术学院组织编写,主编李玉贤,副主编杨培凤,主审朱学荣.第一章由李玉贤编写,第二章由马兰编写,第三章由杨培凤编写,第四章由朱学荣、张航编写,第五章由李玉贤、李艳光编写,附录由于宏坤编写.全书内容结构由李玉贤设计制定、统稿、定稿.

由于时间仓促,加之编者能力水平有限,书中难免存在不足和错误,恳请专家、同行及读者不吝提出宝贵意见和建议,我们将不胜感激.

编　者

目 录

第一章 函数、极限与连续 ... 1
第一节 函数概述 ... 1
习题 1-1 ... 5
第二节 函数的类型 ... 6
习题 1-2 ... 10
第三节 极限的概念 ... 11
习题 1-3 ... 15
第四节 极限的运算 ... 16
习题 1-4 ... 20
第五节 无穷小量与无穷大量 ... 21
习题 1-5 ... 24
第六节 函数的连续性 ... 25
习题 1-6 ... 28
自测题一 ... 29
阅读材料一 ... 30

第二章 导数与微分 ... 32
第一节 导数的概念 ... 32
习题 2-1 ... 35
第二节 导数的基本公式与运算法则 ... 35
习题 2-2 ... 38
第三节 复合函数的导数 ... 39
习题 2-3 ... 41
第四节 隐函数的导数和由参数方程所确定的函数的导数 ... 43
习题 2-4 ... 45
第五节 微分及其应用 ... 46
习题 2-5 ... 49
自测题二 ... 50
阅读材料二 ... 52

第三章 导数的应用 ... 54
第一节 微分中值定理 ... 54

习题 3-1 56
　第二节　洛必达法则 57
　　习题 3-2 59
　第三节　函数的单调性与极值 60
　　习题 3-3 64
　第四节　函数的最大值和最小值 64
　　习题 3-4 66
　第五节　函数图形的描绘 67
　　习题 3-5 71
　第六节　导数概念在经济分析中的应用 72
　　习题 3-6 77
　第七节　曲率 78
　　习题 3-7 82
　　自测题三 82
　　阅读材料三 84

第四章　不定积分 85
　第一节　不定积分的概念与性质 85
　　习题 4-1 87
　第二节　积分公式和直接积分法 89
　　习题 4-2 91
　第三节　换元积分法 92
　　习题 4-3 99
　第四节　分部积分法 101
　　习题 4-4 104
　第五节　微分方程简介 105
　　习题 4-5 110
　　自测题四 111
　　阅读材料四 113

第五章　定积分及其应用 115
　第一节　定积分的概念与性质 115
　　习题 5-1 120
　第二节　微积分基本公式 121
　　习题 5-2 124
　第三节　定积分的换元积分法与分部积分法 125
　　习题 5-3 128
　第四节　定积分的实际应用 129

习题 5-4 139
　　自测题五 140
　　阅读材料五 142
附录一　简单不定积分表 144
附录二　初等数学常用公式 148
参考答案 150
参考文献 171

第一章 函数、极限与连续

函数是客观世界中量与量之间相依关系的一种数学抽象,是高等数学中重要的基本概念之一.极限是高等数学研究问题的一个基本工具,且是贯穿高等数学始终的一个重要概念.连续则是函数的一个重要性态,连续函数是高等数学的主要研究对象.本章将介绍函数、极限与连续的基本概念,以及它们的一些主要性质.

第一节 函数概述

一、函数的概念

1. 函数的定义

例 1 某物体以 10 m/s 的速度做匀速直线运动,则该物体走过的路程 S 和时间 t 有如下关系:
$$S = 10t\,(0 \leqslant t < +\infty).$$
对变量 t 和 S,当 t 在 $[0, +\infty)$ 内取一定值 t_0 时,S 就有唯一确定的值 $S_0 = 10t_0$ 与之对应.变量 t 和 S 之间的这种对应关系,即函数概念的实质.

定义 1 设 x 和 y 是两个变量,D 是一个给定的非空数集,如果对于 D 中的任意数 x,按照一定的法则 f,变量 y 都有唯一确定的数值和它对应,则称变量 y 是变量 x 的函数,记作
$$y = f(x), x \in D.$$
其中,x 称为自变量,y 称为因变量,自变量 x 的变化范围——数集 D 称为这个函数的定义域,因变量与自变量的这种相依关系通常称为函数关系.

当 x 取数值 $x_0 \in D$ 时,与 x_0 对应的 y 的数值称为函数 $y = f(x)$ 在点 x_0 处的函数值,记作 $f(x_0)$.当自变量 x 遍取 D 中的每一个数值时,对应的函数值的全体构成的数集 $W = \{y \mid y = f(x), x \in D\}$ 称为函数 $y = f(x)$ 的值域.

2. 函数的两个要素

函数的两个要素是函数的定义域 D 和对应法则 f,只要这两个要素确定了,那么一个函数就确定了.如果两个函数的定义域和对应法则都分别相同,那么这两个函数就是相同的函数,否则就是不同的函数.

函数 $y = f(x)$ 的对应法则 f 也可以用 φ, h, g, F 等表示,相应的函数就记作 $\varphi(x), h(x), g(x), F(x)$.

关于函数的定义域,通常按以下两种方式确定:一种是有实际背景的函数,应根据实际

背景中变量的实际意义来确定;另一种是抽象地用代数式表达的函数,这种函数的定义域是使得代数式有意义的一切自变量的取值组成的集合,确定时一般应遵循以下基本原则:

(1)当函数是多项式时,定义域为$(-\infty,+\infty)$;

(2)分式函数的分母不能为零;

(3)偶次根式的被开方式必须大于或等于零;

(4)对数函数的真数要大于零;

(5)反正弦函数与反余弦函数的定义域为$[-1,1]$;

(6)如果函数表达式中含有上述几种函数,则应取各部分定义域的交集.

例 2 判断下列函数是否是相同的函数:

(1)$y=1$ 与 $y=\dfrac{x}{x}$;

(2)$y=|x|$ 与 $y=\sqrt{x^2}$;

(3)$y=\ln 2x$ 与 $y=\ln 2\cdot \ln x$.

解 (1)函数 $y=1$ 的定义域为$(-\infty,+\infty)$,而函数 $y=\dfrac{x}{x}$ 的定义域为$(-\infty,0)\cup(0,+\infty)$,故不是同一函数;

(2)两个函数的定义域与对应法则都相同,故是同一函数;

(3)函数 $y=\ln 2x$ 与 $y=\ln 2\cdot \ln x$ 的定义域都是$(0,+\infty)$,但对应法则不同,故不是同一函数.

例 3 求下列函数的定义域:

(1)$y=x^2-2x+3$; (2)$y=\dfrac{1}{x^2-1}$;

(3)$y=\dfrac{1}{\ln(1-x)}$; (4)$y=\sqrt{x^2-4}+\arcsin\dfrac{x}{2}$.

解 (1)函数 $y=x^2-2x+3$ 为多项式函数,当 x 取任意实数时,y 都有唯一确定的值与之对应,故所求函数的定义域为$(-\infty,+\infty)$;

(2)若使$\dfrac{1}{x^2-1}$有意义,需 $x^2-1\neq 0$,即 $x\neq \pm 1$,所以函数的定义域为$(-\infty,-1)\cup(-1,1)\cup(1,+\infty)$;

(3)若使$\dfrac{1}{\ln(1-x)}$有意义,需 $1-x>0$ 且 $\ln(1-x)\neq 0$,即 $x<1$ 且 $x\neq 0$,所以函数的定义域为$(-\infty,0)\cup(0,1)$;

(4)若使$\sqrt{x^2-4}$有意义,需 $x^2-4\geq 0$,即 $x\geq 2$ 或 $x\leq -2$;若使 $\arcsin\dfrac{x}{2}$有意义,需 $-1\leq\dfrac{x}{2}\leq 1$,即 $-2\leq x\leq 2$,所以函数的定义域为$\{x|x=\pm 2\}$.

3. 函数的表示方法

常用的函数表示法有 3 种:解析法、表格法、图像法.

解析法 用数学式子表示因变量和自变量之间函数关系的方法称为解析法. 解析法是对函数的精确描述,便于对函数进行理论分析和研究,微积分研究的函数就是用解析法表示的. 例如,$y=\sqrt{x^2-2x}$,$y=\sin(2x+3)$等就是用解析法表示的函数.

表格法 把两个变量之间的对应值列成表格来表示函数关系,叫作表格法. 有些实际问题中的函数难以用解析法来表示,或者为了更加直观、方便,函数关系也常用表格法表示. 例如,某汽车站为了预测客流量,统计了1—6月的客流量,如表1-1所示.

表1-1 1—6月客流量统计

月份 x	1	2	3	4	5	6
客流量 y/人次	2 830	3 025	1 935	2 360	2 700	1 820

表1-1中,月份 x 和客流量 y 之间的函数关系就是用表格法表示的. x 每取定表中列出的一个值,就有唯一确定的 y 值与之对应.

银行存款利率表、三角函数表、平方根表等采用的表示方法都是表格法,这种方法简单明了,便于应用,但一般不能完整地表示函数,也不便于进行理论分析.

图像法 用直角坐标系中的几何图形表示两个变量之间的函数关系,叫作图像法. 股市的综合指数、病人的心电图等往往采用图像法,其优点是直观形象,函数图形容易由实验数据得到,从图形中可以看出函数的变化状况;缺点是由图形往往得不到准确的函数值,也不便于进行精确的理论分析.

二、函数的基本性质

1. 单调性

设函数 $y=f(x)$ 在区间 I 上有定义,如果对于区间 I 内的任意两点 x_1 与 x_2,当 $x_1<x_2$ 时,总有 $f(x_1)<f(x_2)$,则称函数 $f(x)$ 在区间 I 内单调增加,区间 I 称为函数 $f(x)$ 的单调增区间;如果对于区间 I 内的任意两点 x_1 与 x_2,当 $x_1<x_2$ 时,总有 $f(x_1)>f(x_2)$,则称函数 $f(x)$ 在区间 I 内单调减少,区间 I 称为函数 $f(x)$ 的单调减区间.

从几何图形上看,当自变量从左向右变化时,单调增函数的图形是上升的(见图1-1),单调减函数的图形是下降的(见图1-2).

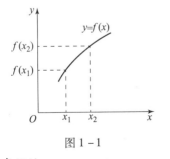

图1-1

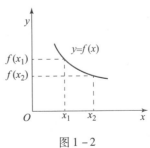

图1-2

2. 奇偶性

设函数 $y=f(x)$ 的定义域 D 关于坐标原点对称,如果对于任意的 $x\in D$,均有 $f(-x)=$

$-f(x)$,则称函数 $f(x)$ 为奇函数;如果对于任意的 $x \in D$,均有 $f(-x) = f(x)$,则称函数 $f(x)$ 为偶函数. 奇函数的图形关于原点对称(见图 1-3),偶函数的图形关于 y 轴对称(见图 1-4).

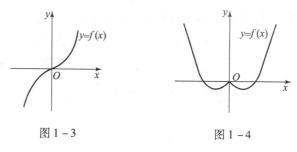

图 1-3　　　　　　　图 1-4

例 4　判断函数 $f(x) = \dfrac{x}{(x+1)(x-1)}$ 的奇偶性.

解　因为

$$f(-x) = \dfrac{-x}{(-x+1)(-x-1)} = \dfrac{x}{(x+1)(1-x)} = -f(x),$$

所以函数 $f(x)$ 是奇函数.

3. 周期性

对于函数 $f(x)$,如果存在一个不为零的实数 T,使得 $f(x+T) = f(x)$ 对于定义域内的任何 x 值都成立,则称函数 $f(x)$ 为周期函数,T 称为函数 $f(x)$ 的周期. 通常,周期函数的周期指的是最小正周期. 三角函数均为周期函数.

周期函数的图形在定义域内的每个长度为 T 的区间上具有相同的形状.

4. 有界性

设 D 是函数 $y = f(x)$ 的定义域,若存在一个正数 M,使得对于一切 $x \in D$,都有 $|f(x)| \leqslant M$,则称函数 $f(x)$ 在其定义域内有界;如果不存在这样的正数 M,则称函数 $f(x)$ 在其定义域内无界.

例如,函数 $y = \sin x$ 在定义域 $\mathbf{R}$ 上,无论自变量 x 取何值,均有 $|\sin x| \leqslant 1$,所以正弦函数在其定义域内有界. 像这样在定义域内有界的函数称为有界函数. 而有些函数不是有界函数,但在定义域内的某个区间上可能是有界的. 例如函数 $y = x^3$ 在定义域内是无界的,但在区间 $[-1, 1]$ 上是有界的.

当函数 $y = f(x)$ 在区间 I 上有界时,它在区间 I 上的图形一定位于两条平行线 $y = M$ 和 $y = -M$ 之间.

三、反函数

定义 2　设函数 $y = f(x)$ 的定义域为 D,值域为 W. 如果对于 W 中的每一个数 y,在 D 中都有唯一确定的数 x,使得 $f(x) = y$,则得到一个以 y 为自变量,以 x 为因变量的新的函数,这个新的函数叫作函数 $y = f(x)$ 的反函数,记作 $x = f^{-1}(y)$,其定义域为 W,值域为 D.

由于人们习惯于用 x 表示自变量,用 y 表示因变量,因此我们往往将反函数 $x = f^{-1}(y)$ 中的 x 与 y 互换位置,即用 $y = f^{-1}(x)$ 来表示函数 $y = f(x)$ 的反函数. 在同一直角坐标系中, $y = f(x)$ 的图像与其反函数的图像关于直线 $y = x$ 对称.

由定义可知,并不是所有的函数都有反函数,单调的函数才有反函数.

求反函数的步骤:

(1) 从 $y = f(x)$ 解出 $x = f^{-1}(y)$;

(2) 交换字母 x 和 y 的位置.

例 5 求 $y = 4x - 1$ 的反函数.

解 由 $y = 4x - 1$ 得到 $x = \dfrac{y+1}{4}$, 然后交换 x 和 y, 得 $y = \dfrac{x+1}{4}$, 即 $y = \dfrac{x+1}{4}$ 是 $y = 4x - 1$ 的反函数. 如图 1-5 所示,它们的图像关于直线 $y = x$ 对称.

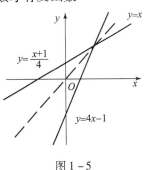

图 1-5

习题 1-1

A 组

1. 判断下列各组函数是否相同,并说明理由:

(1) $f(x) = x$ 与 $g(x) = \sqrt{x^2}$;

(2) $f(x) = \lg x^2$ 与 $g(x) = 2\lg x$;

(3) $y = x$ 与 $y = \dfrac{x^2}{x}$;

(4) $y = \sqrt{x}$ 与 $u = \sqrt{v}$.

2. 求下列函数的定义域:

(1) $y = \sqrt{3x + 2}$;

(2) $y = \dfrac{1}{1 - x^2}$;

(3) $y = \sqrt{x^2 - 4}$;

(4) $y = \ln(3 - x)$;

(5) $y = \arcsin(2x - 1)$;

(6) $y = \dfrac{2x}{x^2 - 5x + 6}$.

3. 已知 $f(x) = x^2 - 3x + 1$, 求 $f(0), f(2), f(-x), f\left(\dfrac{1}{x}\right)$.

4. 判断下列函数的奇偶性:

(1) $f(x) = \sqrt{4 - x^2}$;

(2) $f(x) = x^3 - 2x$;

(3) $f(x) = x\cos x$;

(4) $f(x) = x^2 + x^3 + 1$;

(5) $f(x) = e^x + e^{-x}$;

(6) $f(x) = \lg(x^2 + 1)$.

5. 求下列函数的反函数:

(1) $y = 2x + 1$;

(2) $y = \sqrt[3]{x - 1}$;

(3) $y = \dfrac{x+2}{x-2}$;   (4) $y = x^3 + 2$.

B 组

1. 求下列函数的定义域：

(1) $y = \dfrac{\sqrt{10-2x}}{3-x}$;   (2) $y = \dfrac{2}{\lg(3-x)}$;

(3) $y = \arccos \dfrac{x-3}{2}$;   (4) $y = \arcsin \dfrac{x-1}{5} + \dfrac{1}{\sqrt{25-x^2}}$;

(5) $y = \lg \sin x$;   (6) $y = \sqrt{x+2} + \dfrac{1}{\ln(1-x)}$.

2. 设 $f(t) = 2t^2 + \dfrac{2}{t^2} + \dfrac{5}{t} + 5t$，证明 $f(t) = f\left(\dfrac{1}{t}\right)$.

3. 判断下列函数的奇偶性：

(1) $y = x(x-1)(x+1)$;   (2) $y = x\sin x + \cos x$;

(3) $y = \ln \dfrac{1+x}{1-x}$;   (4) $y = \dfrac{\sin x}{1-x^2}$.

3. 判别下列函数的有界性：

(1) $y = \dfrac{1}{x}$;   (2) $y = 3\sin x + 2$.

第二节　函数的类型

一、基本初等函数

经常遇到的函数中最简单、最常用的有五类，即幂函数、指数函数、对数函数、三角函数和反三角函数，这些函数统称为基本初等函数.

(1) 幂函数 $y = x^\alpha$ （$\alpha \in \mathbf{R}$）；

(2) 指数函数 $y = a^x$ （$a > 0, a \neq 1$）；

(3) 对数函数 $y = \log_a x$ （$a > 0, a \neq 1$）；

(4) 三角函数 $y = \sin x, y = \cos x, y = \tan x, y = \cot x, y = \sec x, y = \csc x$；

(5) 反三角函数 $y = \arcsin x, y = \arccos x, y = \arctan x, y = \text{arccot } x$.

以上五类函数的定义域、值域、图像和性质如表 1 – 2 所示. 由若干基本初等函数构成的初等函数是本门课程研究的主要对象，掌握它们对以后的学习会很有帮助.

表 1-2 基本初等函数的定义域、值域、图像和性质

函数	定义域与值域	图像	主要特性
幂函数 $y=x^\alpha(\alpha\in\mathbf{R})$	依 α 不同而异，但在 $(0,+\infty)$ 内都有定义		经过点 $(1,1)$ 在第一象限内，当 $\alpha>0$ 时，$y=x^\alpha$ 为增函数；当 $\alpha<0$ 时，$y=x^\alpha$ 为减函数
指数函数 $y=a^x$ $(a>0,a\neq 1)$	$x\in(-\infty,+\infty)$ $y\in(0,+\infty)$		图像在 x 轴上方，经过点 $(0,1)$ 当 $0<a<1$ 时，$y=a^x$ 是减函数；当 $a>1$ 时，$y=a^x$ 是增函数
对数函数 $y=\log_a x$ $(a>0,a\neq 1)$	$x\in(0,+\infty)$ $y\in(-\infty,+\infty)$		图像在 y 轴右侧，经过点 $(1,0)$ 当 $0<a<1$ 时，$y=\log_a x$ 是减函数；当 $a>1$ 时，$y=\log_a x$ 是增函数
三角函数 — 正弦函数 $y=\sin x$	$x\in(-\infty,+\infty)$ $y\in[-1,1]$		奇函数，周期为 2π，有界
三角函数 — 余弦函数 $y=\cos x$	$x\in(-\infty,+\infty)$ $y\in[-1,1]$		偶函数，周期为 2π，有界

续表

	函数	定义域与值域	图像	主要特性
三角函数	正切函数 $y = \tan x$	$x \neq k\pi + \dfrac{\pi}{2}$ $(k \in \mathbf{Z})$ $y \in (-\infty, +\infty)$		奇函数,周期为 π,在 $\left(-\dfrac{\pi}{2}, \dfrac{\pi}{2}\right)$ 内单调增加
	余切函数 $y = \cot x$	$x \neq k\pi$ $(k \in \mathbf{Z})$ $y \in (-\infty, +\infty)$		奇函数,周期为 π,在 $(0, \pi)$ 内单调减少
反三角函数	反正弦函数 $y = \arcsin x$	$x \in [-1, 1]$ $y \in \left[-\dfrac{\pi}{2}, \dfrac{\pi}{2}\right]$		奇函数,单调增加,有界
	反余弦函数 $y = \arccos x$	$x \in [-1, 1]$ $y \in [0, \pi]$		单调减少,有界
	反正切函数 $y = \arctan x$	$x \in (-\infty, +\infty)$ $y \in \left(-\dfrac{\pi}{2}, \dfrac{\pi}{2}\right)$		奇函数,单调增加,有界
	反余切函数 $y = \operatorname{arccot} x$	$x \in (-\infty, +\infty)$ $y \in (0, \pi)$		单调减少,有界

二、复合函数

在实际问题中遇到的函数多数不是基本初等函数,而是由若干基本初等函数组合而成的. 例如,$y=\sin x^2$ 是由正弦函数 $y=\sin u$ 和幂函数 $u=x^2$ 组合而成的,我们称函数 $y=\sin x^2$ 为复合函数.

定义 3 设 $y=f(u)$,而 $u=\varphi(x)$,且函数 $\varphi(x)$ 的值域与函数 $f(u)$ 的定义域的交集非空,则把函数 $y=f[\varphi(x)]$ 叫作 x 的复合函数,其中 u 叫作中间变量.

例 1 试求由函数 $y=\sqrt{u},u=\tan x$ 复合而成的函数.

解 将 $u=\tan x$ 代入 $y=\sqrt{u}$ 中,即得所求复合函数为 $y=\sqrt{\tan x}$.

有时,一个复合函数可能是由三个或更多的函数复合而成的. 例如,由函数 $y=2^u$, $u=\sin v, v=x+1$ 可以复合成函数 $y=2^{\sin(x+1)}$,其中 u 和 v 都是中间变量. 一个复合函数可以有有限多个中间变量.

例 2 指出下列复合函数的复合过程:

(1) $y=\sqrt{3x+2}$;　　(2) $y=\sqrt{\cot\dfrac{x}{2}}$;　　(3) $y=\mathrm{e}^{\cos(x+1)}$.

解 (1) $y=\sqrt{u},u=3x+2$;

(2) $y=\sqrt{u},u=\cot v,v=\dfrac{x}{2}$;

(3) $y=\mathrm{e}^u,u=\cos v,v=x+1$.

三、初等函数

由基本初等函数及常数经过有限次四则运算和有限次复合运算构成的,并且可用一个数学式子表示的函数,称为初等函数.

例如,$y=\sqrt{\ln 5x-3^x},y=\dfrac{\sqrt[3]{3x}+\tan 5x}{x^3\sin x-2^{-x}}$ 都是初等函数. 今后我们所讨论的函数绝大多数都是初等函数.

四、分段函数

有时,我们会遇到一个函数在自变量不同的取值范围内用不同的式子来表示的情况.

例如,函数
$$f(x)=\begin{cases}\sqrt{x}, & x\geqslant 0,\\ -x, & x<0\end{cases}$$
是定义在区间 $(-\infty,+\infty)$ 内的一个函数. 当 $x\geqslant 0$ 时, $f(x)=\sqrt{x}$;当 $x<0$ 时,$f(x)=-x$. 它的图像如图 1-6 所示.

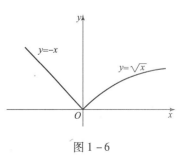

图 1-6

像这样在自变量的不同变化范围内,对应法则用不同式子来表示的函数叫作分段函数.

例3 设分段函数

$$f(x)=\begin{cases} x-1, & -1<x\leq 0,\\ x^2, & 0<x\leq 1,\\ 3-x, & 1<x\leq 2. \end{cases}$$

(1)画出函数的图像;
(2)求此函数的定义域;
(3)求 $f\left(-\dfrac{1}{2}\right),f\left(\dfrac{1}{2}\right),f\left(\dfrac{3}{2}\right),f(1),f(2)$ 的值.

解 (1)该分段函数的图像如图1-7所示;
(2)函数的定义域为$(-1,2]$;
(3)$f\left(-\dfrac{1}{2}\right)=-\dfrac{3}{2},f\left(\dfrac{1}{2}\right)=\dfrac{1}{4},f\left(\dfrac{3}{2}\right)=\dfrac{3}{2},f(1)=1,f(2)=1.$

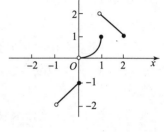

图1-7

例4 某城市出租车收费标准规定,3 km 内收费为起步价10元,超过3 km 时,每增加1 km 多收费2元,

(1)试建立出租车收费与里程的函数关系;
(2)若某人某天乘坐出租车行驶8 km,问他付了多少车费?

解 (1)设乘客的行程为 x km,车费为 y 元,则由规定知:

$$y=f(x)=\begin{cases} 10, & 0<x\leq 3,\\ 10+(x-3)\times 2, & x>3; \end{cases}$$

(2)$y=f(8)=10+(8-3)\times 2=18$,即此人付了18元车费.

习题 1-2

A 组

1.求由所给函数复合而成的函数:

(1)$y=\tan u,u=2x$;

(2)$y=\ln u,u=2x^2+1$;

(3)$y=u^2,u=\sin x$;

(4)$y=\sqrt{u},u=v^2,v=x+1$;

(5)$y=e^u,u=\sin v,v=x^2+1$;

(6)$y=\lg u,u=3^v,v=\sin x$.

2. 写出下列函数的复合过程：

(1) $y=(3x+2)^{10}$； (2) $y=\sqrt{1-x^2}$；

(3) $y=\sin 5x$； (4) $y=\arcsin\dfrac{x}{2}$；

(5) $y=\cos\sqrt{x}$； (6) $y=\mathrm{e}^{x^2}$；

(7) $y=3^{\sin x}$； (8) $y=\sin^2(x+1)$.

3. 指出下列函数的定义域并求函数值：

(1) $f(x)=\begin{cases}2\sqrt{x}, & 0\leqslant x\leqslant 1,\\ 1+x, & x>1,\end{cases}$ 求 $f(0),f\left(\dfrac{1}{2}\right),f(1),f(2)$.

(2) $y=f(x)=\begin{cases}2, & 1\leqslant x<2,\\ x, & 0\leqslant x<1,\\ \dfrac{1}{x}, & x<0,\end{cases}$ 求 $f\left(-\dfrac{1}{3}\right),f(0),f\left(\dfrac{3}{4}\right),f(1)$.

B 组

1. 分解下列复合函数：

(1) $y=\sin x^3$； (2) $y=\ln(\cos 3x)$；

(3) $y=\sqrt{\tan 2x}$； (4) $y=5^{\ln\sin x}$；

(5) $y=(1+\lg x)^7$； (6) $y=\sin^2(2x^2+3)$；

(7) $y=\arcsin\dfrac{x^2-1}{2}$； (8) $y=\ln^2(\ln x)$.

2. 火车站收取行李费的规定如下：当行李不超过 50 kg 时，按基本运费计算，如从重庆到某地，行李每千克收 0.15 元，当超过 50 kg 时，超重部分按 0.25 元/kg 收费，试求重庆到该地的行李费 y 与行李质量 x 之间的函数关系.

第三节 极限的概念

一、数列的极限

极限的概念是为了求得某些实际问题的精确解答而产生的. 我们先看两个实际问题.

引例 1 截棰问题

早在我国春秋时期，极限思想就开始萌芽了. 我国古代哲学家庄子所著《庄子·天下篇》中记载着这样一段话："一尺之棰，日取其半，万世不竭."其意思是说一根一尺长的木棍，每天截取它的一半，虽经万世也取不完. 这里我们看到了一个无限变化的过程. 在这个过程中,产生了一个变量——木棍的长度,它每天变化为前一天的一半,所以木棍的长度越变越小,我们可以想象,如果无限截取下去,那么其结果就是木棍的长度与常数 0 越来越接近. 于是,每日截取后木棍剩余部分的长度就构成了如下的数列:

$$1, \frac{1}{2}, \left(\frac{1}{2}\right)^2, \left(\frac{1}{2}\right)^3, \cdots, \left(\frac{1}{2}\right)^n, \cdots$$

当 n 越来越大时,数列的通项 $\left(\frac{1}{2}\right)^n$ 就越来越接近于常数 0,它表明了这个数列的一种变化趋势.

引例 2 刘徽割圆术

我国古代数学家刘徽(公元 3 世纪)利用圆内接正多边形来推算圆面积的方法——割圆术,就是极限思想在几何上的应用.

设有一圆,首先作圆的内接正六边形,如图 1-8 所示,其面积为 A_1;再作一个内接正十二边形,其面积为 A_2;依次作下去,可得圆的内接正 $6 \times 2^{n-1}$ 边形,其面积为 A_n,这样我们得到一个数列 $A_1, A_2, \cdots, A_n$,随着 n 的增加,内接正多边形的面积越来越接近于圆的面积,即当 n 无限增大时,A_n 就无限趋近于一个定值,这个定值我们可以理解为圆面积的真实值. 若将这一定值称为数列 $\{A_n\}$ 的极限,则圆的内接正 $6 \times 2^{n-1}$ 边形的面积 A_n 的极限就是圆的面积.

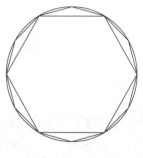

图 1-8

从以上两例可以看出,有一类数列 $\{A_n\}$,当 n 无限增大时,数列的通项 A_n 有着向某一确定的常数无限趋近的变化趋势,这样的变化趋势正是我们所讲的数列的极限. 为此,下面首先给出数列极限的具体定义.

定义 4 对于数列 $\{x_n\}$,如果当 n 无限增大时,x_n 无限趋近于一个固定的常数 A,则称常数 A 为数列 $\{x_n\}$ 的极限,或称数列 $\{x_n\}$ 收敛于 A,记作

$$\lim_{n \to \infty} x_n = A \quad \text{或} \quad x_n \to A (n \to \infty).$$

如果数列 $\{x_n\}$ 没有极限,则称该数列发散.

例 1 观察下列数列的极限:

(1) $\left\{\frac{1}{n}\right\}$;   (2) $\{(-1)^{n+1}\}$;   (3) $\{\sqrt{n+1}\}$;   (4) $\left\{\frac{n-1}{n}\right\}$.

解 (1)数列 $\left\{\frac{1}{n}\right\}$,即 $1, \frac{1}{2}, \frac{1}{3}, \frac{1}{4} \cdots, \frac{1}{n}, \cdots$

当 n 无限增大时,$\frac{1}{n}$ 无限接近于常数 0,所以 $\lim_{n \to \infty} \frac{1}{n} = 0$.

(2)数列 $\{(-1)^{n+1}\}$,即 $1, -1, 1, -1, 1, -1, \cdots$

当 n 无限增大时,$(-1)^{n+1}$ 无休止地反复取 1、-1 两个数,而不会无限趋近于任何一个确定的常数,所以 $\lim_{n \to \infty} (-1)^{n+1}$ 不存在,即该数列是发散的.

(3) 数列 $\{\sqrt{n+1}\}$,即 $\sqrt{2},\sqrt{3},\sqrt{4},\sqrt{5},\cdots,\sqrt{n+1},\cdots$

当 n 无限增大时,$\sqrt{n+1}$ 也无限增大,所以 $\lim\limits_{n\to\infty}\sqrt{n+1}$ 不存在,即该数列是发散的.

(4) 数列 $\left\{\dfrac{n-1}{n}\right\}$,即 $0,\dfrac{1}{2},\dfrac{2}{3},\dfrac{3}{4},\cdots,\dfrac{n-1}{n},\cdots$

当 n 无限增大时,$\dfrac{n-1}{n}$ 无限接近于常数 1,所以 $\lim\limits_{n\to\infty}\dfrac{n-1}{n}=1$.

下面几个结论可作为求极限的公式,请同学们记住.

(1) $\lim\limits_{n\to\infty}C=C$ (C 为常数); (2) $\lim\limits_{n\to\infty}\dfrac{1}{n^{\alpha}}=0(\alpha>0)$;

(3) $\lim\limits_{n\to\infty}\dfrac{1}{q^n}=0(|q|>1)$.

二、函数的极限

函数的极限是数列极限的推广,根据自变量变化的过程,分两种情形讨论.

1. $x\to\infty$ 时函数 $f(x)$ 的极限

例 2 观察当 $x\to\infty$ 时函数 $y=\dfrac{1}{x}$ 的变化趋势.

由图 1-9 可见,当 $x\to\infty$(包括 $x\to+\infty$,$x\to-\infty$)时,函数 $y=\dfrac{1}{x}$ 都趋向于确定的常数 0.

定义 5 设函数 $y=f(x)$ 当 $|x|>a(a>0)$ 时有定义,如果当 $|x|$ 无限增大时,函数 $f(x)$ 无限趋近于某个确定的常数 A,则称 A 为当 $x\to\infty$ 时函数 $f(x)$ 的极限,记作

$$\lim_{x\to\infty}f(x)=A \quad \text{或} \quad f(x)\to A(x\to\infty).$$

若只当 $x\to+\infty$(或 $x\to-\infty$)时,函数趋近于确定的常数 A,则记为

$$\lim_{x\to+\infty}f(x)=A \quad (\text{或} \lim_{x\to-\infty}f(x)=A).$$

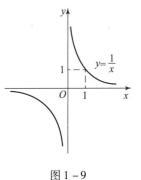

图 1-9

例 3 观察下列函数的图像(见图 1-10),并填空:

(1) $\lim\limits_{x\to-\infty}e^{x}=(\quad)$; (2) $\lim\limits_{x\to+\infty}e^{-x}=(\quad)$;

(3) $\lim\limits_{x\to+\infty}\arctan x=(\quad)$; (4) $\lim\limits_{x\to-\infty}\arctan x=(\quad)$.

解 从图 1-10 上可以看出:

(1) $\lim\limits_{x\to-\infty}e^{x}=0$; (2) $\lim\limits_{x\to+\infty}e^{-x}=0$;

(3) $\lim\limits_{x\to+\infty}\arctan x=\dfrac{\pi}{2}$; (4) $\lim\limits_{x\to-\infty}\arctan x=-\dfrac{\pi}{2}$.

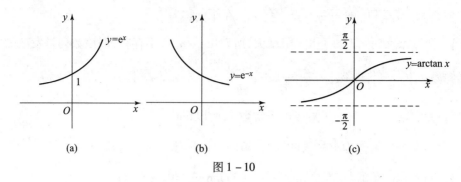

(a)   (b)   (c)

图 1-10

显然，当 $x\to+\infty$ 和 $x\to-\infty$ 时函数 $y=\arctan x$ 不能无限趋近于同一个确定的常数，因此 $x\to\infty$ 时，函数 $y=\arctan x$ 的极限不存在.

由此我们得到结论：$\lim\limits_{x\to\infty}f(x)=A \Leftrightarrow \lim\limits_{x\to+\infty}f(x)=\lim\limits_{x\to-\infty}f(x)=A$.

2. $x\to x_0$ 时函数 $f(x)$ 的极限

首先介绍"邻域"的概念：

设 x_0 与 $\delta(\delta>0)$ 是两个实数，满足不等式 $|x-x_0|<\delta$ 的全体实数构成的集合叫作点 x_0 的 δ 邻域，记作 $U(x_0,\delta)$，点 x_0 称为邻域的中心，δ 称为邻域的半径.

显然，点 x_0 的 δ 邻域就是以 x_0 为中心的开区间 $(x_0-\delta,x_0+\delta)$，如图 1-11 所示.

在 x_0 的 δ 邻域中去掉点 x_0，所得集合称为点 x_0 的去心 δ 邻域，记作 $\mathring{U}(x_0,\delta)$，用区间可表示为 $(x_0-\delta,x_0)\cup(x_0,x_0+\delta)$.

例4 考察当 $x\to 1$ 时，函数 $y=\dfrac{x^2-1}{x-1}$ 的变化趋势.

当 $x\neq 1$ 时，函数 $y=\dfrac{x^2-1}{x-1}=x+1$.

由图 1-12 可见，当 $x\to 1$ 时，$y\to 2$.

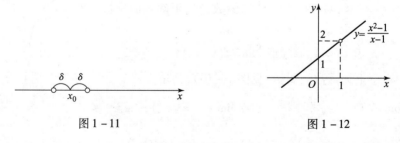

图 1-11   图 1-12

定义6 设函数 $f(x)$ 在点 x_0 的某个去心邻域内有定义，如果当自变量 x 无限接近于 x_0，即 $x\to x_0$ 时，函数 $f(x)$ 无限接近于一个确定的常数 A，则称 A 为当 $x\to x_0$ 时函数 $f(x)$ 的极限，记作

$$\lim_{x\to x_0}f(x)=A \quad \text{或} \quad f(x)\to A(x\to x_0).$$

说明：

（1）定义中 $x\to x_0$ 的方式是任意的，可以从 x_0 的左侧无限接近于 x_0，记为 $x\to x_0^-$；也

可以从 x_0 的右侧无限接近于 x_0,记为 $x \to x_0^+$;

(2) 当 $x \to x_0$ 时,函数 $f(x)$ 的极限是否存在与其在点 x_0 处是否有定义无关.

定义 7 如果当 $x \to x_0^+$ 时,函数 $f(x)$ 的值无限接近于一个确定的常数 A,则称 A 为函数 $f(x)$ 在点 x_0 处的**右极限**,记作

$$\lim_{x \to x_0^+} f(x) = A \quad \text{或} \quad f(x_0 + 0) = A.$$

如果当 $x \to x_0^-$ 时,函数 $f(x)$ 的值无限接近于一个确定的常数 A,则称 A 为函数 $f(x)$ 在点 x_0 处的**左极限**,记作

$$\lim_{x \to x_0^-} f(x) = A \quad \text{或} \quad f(x_0 - 0) = A.$$

显然,$\lim\limits_{x \to x_0} f(x) = A$ 的充分必要条件是 $\lim\limits_{x \to x_0^+} f(x) = \lim\limits_{x \to x_0^-} f(x) = A$.

例 5 设 $f(x) = \begin{cases} x-2, & x<0 \\ x+2, & x \geq 0 \end{cases}$,讨论当 $x \to 0$ 时,函数 $f(x)$ 的极限是否存在.

解 当 x 从 0 的左侧无限接近于 0 时,有

$$\lim_{x \to 0^-} f(x) = \lim_{x \to 0^-} (x-2) = -2;$$

当 x 从 0 的右侧无限接近于 0 时,有

$$\lim_{x \to 0^+} f(x) = \lim_{x \to 0^+} (x+2) = 2.$$

函数 $f(x)$ 在点 $x=0$ 处的左、右极限都存在,但不相等,所以当 $x \to 0$ 时,函数 $f(x)$ 的极限不存在.

例 6 设 $f(x) = \begin{cases} x+1, & x<1 \\ 2x, & x \geq 1 \end{cases}$,讨论当 $x \to 1$ 时,函数 $f(x)$ 的极限是否存在.

解 当 x 从 1 的左侧无限接近于 1 时,有

$$\lim_{x \to 1^-} f(x) = \lim_{x \to 1^-} (x+1) = 2;$$

当 x 从 1 的右侧无限接近于 1 时,有

$$\lim_{x \to 1^+} f(x) = \lim_{x \to 1^+} 2x = 2.$$

因为 $\lim\limits_{x \to 1^-} f(x) = \lim\limits_{x \to 1^+} f(x) = 2$,所以 $\lim\limits_{x \to 1} f(x) = 2$.

一般地,$\lim\limits_{x \to \infty} C = C$;$\lim\limits_{x \to x_0} C = C$;$\lim\limits_{x \to x_0} x = x_0$.

习题 1-3

A 组

1. 求下列极限:

(1) $\lim\limits_{n \to \infty} \left(2 - \dfrac{1}{n^3}\right)$; (2) $\lim\limits_{n \to \infty} \dfrac{n}{n+1}$; (3) $\lim\limits_{n \to \infty} \left(1 + \dfrac{1}{3^n}\right)$; (4) $\lim\limits_{n \to \infty} (-1)^n \dfrac{1}{n}$;

(5) $\lim\limits_{x\to+\infty}\left(\dfrac{1}{3}\right)^x$;   (6) $\lim\limits_{x\to\frac{\pi}{2}}\sin x$;   (7) $\lim\limits_{x\to 1}\ln x$;   (8) $\lim\limits_{x\to\infty}\left(1+\dfrac{1}{x}\right)$.

2. 设函数 $f(x)=\begin{cases}2x, & 0\leqslant x\leqslant 1,\\ 3-x, & 1<x\leqslant 2,\end{cases}$ 求 $\lim\limits_{x\to 1^+}f(x),\lim\limits_{x\to 1^-}f(x),\lim\limits_{x\to 1}f(x)$.

3. 求分段函数 $f(x)=\begin{cases}x^2-1, & 0\leqslant x\leqslant 1,\\ x+1, & x>1,\end{cases}$ 分别当 $x\to\dfrac{1}{2},x\to 1,x\to 2$ 时的极限.

4. 设函数 $f(x)=\begin{cases}2x-1, & x<0,\\ 0, & x=0,\\ x+2, & x>0,\end{cases}$ 求 $\lim\limits_{x\to 0^+}f(x),\lim\limits_{x\to 0^-}f(x),\lim\limits_{x\to 0}f(x)$.

B 组

1. 设 $f(x)=\dfrac{|x|}{x}$,求 $f(x)$ 在 $x=0$ 处的左、右极限,并讨论 $\lim\limits_{x\to 0}f(x)$ 是否存在.

2. 已知函数 $f(x)=\begin{cases}x^2+2, & x<0,\\ 2e^x, & 0\leqslant x\leqslant 1,\\ 4, & x\geqslant 1,\end{cases}$ 求 $\lim\limits_{x\to -1}f(x),\lim\limits_{x\to 0}f(x),\lim\limits_{x\to 1}f(x),\lim\limits_{x\to 3}f(x)$.

3. 证明函数 $f(x)=\begin{cases}x^2+1, & x<1,\\ 1, & x=1,\\ -1, & x>1\end{cases}$ 在 $x\to 1$ 时极限不存在.

第四节　极限的运算

一、极限的四则运算

设 $\lim f(x)$ 及 $\lim g(x)$ 都存在,则有如下法则:

(1) $\lim[f(x)\pm g(x)]=\lim f(x)\pm\lim g(x)$;

(2) $\lim[f(x)\cdot g(x)]=\lim f(x)\cdot\lim g(x)$;

(3) $\lim[C\cdot f(x)]=C\cdot\lim f(x)$($C$ 为常数);

(4) $\lim[f(x)]^n=[\lim f(x)]^n$($n$ 为正整数);

(5) $\lim\dfrac{f(x)}{g(x)}=\dfrac{\lim f(x)}{\lim g(x)}$　($\lim g(x)\neq 0$).

说明：

① 法则对于 $x\to x_0,x\to\infty$ 等情形均适用;

② 法则(1)和法则(2)均可推广至有限个函数的情形.

例 1　求 $\lim\limits_{x\to 2}(x^2+3x-2)$.

解 $\lim\limits_{x \to 2}(x^2 + 3x - 2) = \lim\limits_{x \to 2} x^2 + \lim\limits_{x \to 2} 3x - \lim\limits_{x \to 2} 2 = 4 + 6 - 2 = 8.$

例 2 求 $\lim\limits_{x \to 3} \dfrac{x-2}{x^2 - 5x + 3}.$

解 $\lim\limits_{x \to 3} \dfrac{x-2}{x^2 - 5x + 3} = \dfrac{\lim\limits_{x \to 3}(x-2)}{\lim\limits_{x \to 3}(x^2 - 5x + 3)} = -\dfrac{1}{3}.$

例 3 求 $\lim\limits_{x \to 3} \dfrac{x-3}{x^2 - 9}.$

解 当 $x \to 3$ 时,分子及分母的极限都是零,不能直接使用法则(5). 当 $x \to 3$ 时,其公因子 $x - 3 \neq 0$,故可约去.

$$\lim\limits_{x \to 3} \dfrac{x-3}{x^2 - 9} = \lim\limits_{x \to 3} \dfrac{1}{x+3} = \dfrac{\lim\limits_{x \to 3} 1}{\lim\limits_{x \to 3}(x+3)} = \dfrac{1}{6}.$$

例 4 求 $\lim\limits_{x \to 0} \dfrac{\sqrt{4x+1} - 1}{x}.$

解 当 $x \to 0$ 时,分子及分母的极限都是零,不能直接使用法则(5). 可先将其分子有理化,然后再计算极限.

$$\lim\limits_{x \to 0} \dfrac{\sqrt{4x+1} - 1}{x} = \lim\limits_{x \to 0} \dfrac{(\sqrt{4x+1} - 1)(\sqrt{4x+1} + 1)}{x(\sqrt{4x+1} + 1)}$$
$$= \lim\limits_{x \to 0} \dfrac{4x}{x(\sqrt{4x+1} + 1)} = \lim\limits_{x \to 0} \dfrac{4}{\sqrt{4x+1} + 1} = 2.$$

例 5 求 $\lim\limits_{x \to \infty} \dfrac{3x^3 + 4x^2 - 1}{4x^3 - x^2 + 3}.$

解 当 $x \to \infty$ 时,分子、分母的极限都不存在,不能直接使用法则(5),可以将分子、分母同时除以 x^3,再用法则,得

$$\lim\limits_{x \to \infty} \dfrac{3x^3 + 4x^2 - 1}{4x^3 - x^2 + 3} = \lim\limits_{x \to \infty} \dfrac{3 + \dfrac{4}{x} - \dfrac{1}{x^3}}{4 - \dfrac{1}{x} + \dfrac{3}{x^3}} = \dfrac{3}{4}.$$

用同样方法,可得如下结果:

$$\lim\limits_{x \to \infty} \dfrac{a_0 x^n + a_1 x^{n-1} + \cdots + a_n}{b_0 x^m + b_1 x^{m-1} + \cdots + b_m} = \begin{cases} \infty, & \text{当 } m < n, \\ \dfrac{a_0}{b_0}, & \text{当 } m = n, \\ 0, & \text{当 } m > n, \end{cases} \quad (a_0 \neq 0, b_0 \neq 0).$$

例 6 求 $\lim\limits_{x \to 1} \left(\dfrac{1}{x-1} - \dfrac{3}{x^3 - 1} \right).$

解 当 $x \to 1$ 时,上式两项极限均不存在,可先通分,再求极限.

$$\lim_{x\to 1}\left(\frac{1}{x-1}-\frac{3}{x^3-1}\right)=\lim_{x\to 1}\frac{x^2+x+1-3}{(x-1)(x^2+x+1)}=\lim_{x\to 1}\frac{(x+2)(x-1)}{(x-1)(x^2+x+1)}$$

$$=\lim_{x\to 1}\frac{x+2}{x^2+x+1}=1.$$

二、两个重要极限

1. $\lim\limits_{x\to 0}\dfrac{\sin x}{x}=1$

函数 $\dfrac{\sin x}{x}$ 的定义域为 $x\neq 0$ 的全体实数,当 $x\to 0$ 时,列出如表 1-3 所示数值,观察其变化趋势.

表 1-3 函数 $\dfrac{\sin x}{x}$

x(弧度)	± 1.00	± 0.1	± 0.01	± 0.001	...
$\dfrac{\sin x}{x}$	0.841 470 98	0.998 334 17	0.999 983 34	0.999 999 84	...

由表 1-3 可见,当 $x\to 0$ 时,$\dfrac{\sin x}{x}\to 1$. 根据极限的定义有

$$\lim_{x\to 0}\frac{\sin x}{x}=1.$$

例 7 求下列函数的极限:

(1) $\lim\limits_{x\to 0}\dfrac{\sin kx}{x}(k\neq 0)$;   (2) $\lim\limits_{x\to\infty}x\sin\dfrac{1}{x}$;

(3) $\lim\limits_{x\to 0}\dfrac{1-\cos x}{x^2}$;   (4) $\lim\limits_{x\to 0}\dfrac{\tan x}{x}$.

解 (1) $\lim\limits_{x\to 0}\dfrac{\sin kx}{x}=k\cdot\lim\limits_{x\to 0}\dfrac{\sin kx}{kx}=k\cdot 1=k$;

(2) $\lim\limits_{x\to\infty}x\sin\dfrac{1}{x}=\lim\limits_{x\to\infty}\dfrac{\sin\dfrac{1}{x}}{\dfrac{1}{x}}=\lim\limits_{\frac{1}{x}\to 0}\dfrac{\sin\dfrac{1}{x}}{\dfrac{1}{x}}=1$;

(3) $\lim\limits_{x\to 0}\dfrac{1-\cos x}{x^2}=\lim\limits_{x\to 0}\dfrac{2\sin^2\dfrac{x}{2}}{x^2}=2\cdot\lim\limits_{x\to 0}\left(\dfrac{\sin\dfrac{x}{2}}{\dfrac{x}{2}}\right)^2\cdot\dfrac{1}{4}=\dfrac{1}{2}\left(\lim\limits_{x\to 0}\dfrac{\sin\dfrac{x}{2}}{\dfrac{x}{2}}\right)^2=\dfrac{1}{2}$;

(4) $\lim\limits_{x\to 0}\dfrac{\tan x}{x}=\lim\limits_{x\to 0}\dfrac{\sin x}{x}\cdot\dfrac{1}{\cos x}=1.$

2. $\lim\limits_{x\to\infty}\left(1+\dfrac{1}{x}\right)^x = e$

当 $x\to\infty$ 时，我们列出函数 $\left(1+\dfrac{1}{x}\right)^x$ 的数值（见表 1-4），观察其变化趋势.

表 1-4 函数 $\left(1+\dfrac{1}{x}\right)^x$

x	$\cdots$	10	100	1 000	10 000	100 000	$\cdots$
$\left(1+\dfrac{1}{x}\right)^x$	$\cdots$	2.593 74	2.704 81	2.719 62	2.718 15	2.718 27	$\cdots$
x	$\cdots$	-10	-100	$-1\,000$	$-10\,000$	$-100\,000$	$\cdots$
$\left(1+\dfrac{1}{x}\right)^x$	$\cdots$	2.867 97	2.732 00	2.719 64	2.718 4	2.718 30	$\cdots$

由表 1-4 可见，当 $x\to+\infty$ 或 $x\to-\infty$ 时，$\left(1+\dfrac{1}{x}\right)^x\to e$，根据极限的定义有

$$\lim_{x\to\infty}\left(1+\dfrac{1}{x}\right)^x = e.$$

其中 e 是个无理数，其值为 2.718 281 828 459 045$\cdots$.

上式中，设 $u=\dfrac{1}{x}$，则 $x\to\infty$ 时，$u\to 0$，于是又得

$$\lim_{u\to 0}(1+u)^{\frac{1}{u}} = e.$$

例 8 求下列极限：

(1) $\lim\limits_{x\to\infty}\left(1+\dfrac{1}{x}\right)^{2x}$；

(2) $\lim\limits_{x\to 0}\left(1+\dfrac{x}{2}\right)^{\frac{1}{x}}$；

(3) $\lim\limits_{x\to\infty}\left(1-\dfrac{1}{x}\right)^x$；

(4) $\lim\limits_{x\to\infty}\left(\dfrac{x}{x+1}\right)^x$.

解 (1) $\lim\limits_{x\to\infty}\left(1+\dfrac{1}{x}\right)^{2x} = \lim\limits_{x\to\infty}\left[\left(1+\dfrac{1}{x}\right)^x\right]^2 = \left[\lim\limits_{x\to\infty}\left(1+\dfrac{1}{x}\right)^x\right]^2 = e^2$；

(2) $\lim\limits_{x\to 0}\left(1+\dfrac{x}{2}\right)^{\frac{1}{x}} = \lim\limits_{x\to 0}\left[\left(1+\dfrac{x}{2}\right)^{\frac{2}{x}}\right]^{\frac{1}{2}} = \left[\lim\limits_{x\to 0}\left(1+\dfrac{x}{2}\right)^{\frac{2}{x}}\right]^{\frac{1}{2}} = e^{\frac{1}{2}}$；

(3) $\lim\limits_{x\to\infty}\left(1-\dfrac{1}{x}\right)^x = \lim\limits_{x\to\infty}\left[\left(1-\dfrac{1}{x}\right)^{-x}\right]^{-1} = \left[\lim\limits_{x\to\infty}\left(1-\dfrac{1}{x}\right)^{-x}\right]^{-1} = e^{-1}$；

(4) $\lim\limits_{x\to\infty}\left(\dfrac{x}{x+1}\right)^x = \lim\limits_{x\to\infty}\left(\dfrac{x+1-1}{x+1}\right)^x = \lim\limits_{x\to\infty}\left(1-\dfrac{1}{x+1}\right)^{x+1-1}$

$= \lim\limits_{x\to\infty}\left[\left(1-\dfrac{1}{x+1}\right)^{-(x+1)}\right]^{-1}\left(1-\dfrac{1}{x+1}\right)^{-1} = e^{-1}$.

习题 1-4

A 组

1. 求下列极限：

(1) $\lim\limits_{x \to -2}(2x^2 + 5x - 1)$；

(2) $\lim\limits_{x \to 2}\dfrac{x^2 + 5}{x - 3}$；

(3) $\lim\limits_{x \to -2}\dfrac{x^2 - 4}{x + 2}$；

(4) $\lim\limits_{x \to 1}\dfrac{x^2 - 1}{2x^2 - x - 1}$；

(5) $\lim\limits_{x \to 0}\dfrac{\sqrt{1-x} - 1}{x}$；

(6) $\lim\limits_{x \to 0}\dfrac{x - 2}{\sqrt{x+2}}$；

(7) $\lim\limits_{x \to 0}\dfrac{5x^3 - 2x}{3x^2 - x}$；

(8) $\lim\limits_{x \to \infty}\dfrac{x^4 + x^2 + 1}{x^2 - 3}$；

(9) $\lim\limits_{x \to \infty}\dfrac{x + 1}{x^3 + 2x + 5}$；

(10) $\lim\limits_{x \to \infty}\dfrac{2x + 3}{7x - 2}$.

2. 求下列极限：

(1) $\lim\limits_{x \to 0}\dfrac{\sin 5x}{3x}$；

(2) $\lim\limits_{x \to 0}\dfrac{\tan 2x}{x}$；

(3) $\lim\limits_{x \to \infty} x\sin\dfrac{3}{x}$；

(4) $\lim\limits_{x \to 0}\dfrac{2x(x+3)}{\sin x}$；

(5) $\lim\limits_{x \to 0}\dfrac{\sin 3x}{\sin 4x}$；

(6) $\lim\limits_{x \to \infty}\left(1 + \dfrac{1}{x}\right)^{5x}$；

(7) $\lim\limits_{x \to 0}(1 - x)^{\frac{1}{x}}$；

(8) $\lim\limits_{x \to 0}(1 + 2x)^{\frac{2}{x}}$；

(9) $\lim\limits_{x \to \infty}\left(1 - \dfrac{3}{x}\right)^{5x}$；

(10) $\lim\limits_{x \to \infty}\left(\dfrac{1 + x}{x}\right)^{2x}$.

B 组

1. 求下列极限：

(1) $\lim\limits_{x \to 1}\dfrac{\sqrt{5x - 4} - \sqrt{x}}{x - 1}$；

(2) $\lim\limits_{x \to 1}\left(\dfrac{1}{x - 1} - \dfrac{2}{x^2 - 1}\right)$；

(3) $\lim\limits_{x \to \frac{\pi}{4}}\dfrac{\cos x - \sin x}{\cos 2x}$；

(4) $\lim\limits_{n \to \infty}\left(1 + \dfrac{1}{3} + \dfrac{1}{9} + \cdots + \dfrac{1}{3^n}\right)$；

(5) $\lim\limits_{n \to \infty}\dfrac{1 + 2 + 3 + \cdots + n}{(n+3)(n-4)}$；

(6) $\lim\limits_{x \to +\infty}(\sqrt{x + 3} - \sqrt{x})$.

2. 求下列极限：

(1) $\lim\limits_{x \to 0}\dfrac{\tan 2x}{\sin 7x}$；

(2) $\lim\limits_{x \to \pi}\dfrac{\sin x}{\pi - x}$；

(3) $\lim\limits_{x\to 0}\dfrac{x-\sin x}{x+\sin x}$;

(4) $\lim\limits_{x\to 0}\dfrac{1-\cos 2x}{x\sin x}$;

(5) $\lim\limits_{x\to\infty}\left(1+\dfrac{4}{x}\right)^{x+2}$;

(6) $\lim\limits_{x\to\frac{\pi}{2}}(1+\cos x)^{2\sec x}$;

(7) $\lim\limits_{x\to 0}\left(1+\dfrac{x}{2}\right)^{2-\frac{1}{x}}$;

(8) $\lim\limits_{x\to\infty}\left(\dfrac{2x-1}{2x+1}\right)^{x+1}$.

第五节　无穷小量与无穷大量

一、无穷小量

定义 8　如果 $\lim\limits_{x\to x_0}f(x)=0$，则称函数 $f(x)$ 为当 $x\to x_0$ 时的无穷小量，简称无穷小．

注意：

(1) 无穷小定义中的 $x\to x_0$，可以换成 $x\to\infty$．

(2) 不要把无穷小量与很小的数（例如百万分之一）相混淆．一般来说，无穷小表达的是变化状态，而不是量的大小，一个量不管多么小，都不能是无穷小量，零是唯一可作为无穷小的常数．

(3) 函数的极限与无穷小量之间有如下关系：
$$\lim_{x\to x_0}f(x)=A\Leftrightarrow f(x)=A+\alpha\quad(\alpha\text{ 是 }x\to x_0\text{ 时的无穷小量}).$$

例 1　指明自变量怎样变化，下列函数为无穷小：

(1) $y=\dfrac{1}{x-1}$；　(2) $y=2x-4$；　(3) $y=2^x$．

解　(1) 因为 $\lim\limits_{x\to\infty}\dfrac{1}{x-1}=0$，所以当 $x\to\infty$ 时，$\dfrac{1}{x-1}$ 为无穷小；

(2) 因为 $\lim\limits_{x\to 2}(2x-4)=0$，所以当 $x\to 2$ 时，$2x-4$ 为无穷小；

(3) 因为 $\lim\limits_{x\to -\infty}2^x=0$，所以当 $x\to -\infty$ 时，2^x 为无穷小．

无穷小量有下列性质：

性质 1　有限个无穷小的代数和仍是无穷小．

性质 2　有限个无穷小的乘积仍是无穷小．

性质 3　有界函数（或常数）与无穷小的乘积仍是无穷小．

例 2　求下列函数的极限：

(1) $\lim\limits_{x\to\infty}\dfrac{\sin x}{x}$；　(2) $\lim\limits_{x\to\infty}\dfrac{(2x-3)\cos x}{x^2-5x+4}$.

解　(1) 当 $x\to\infty$ 时，$|\sin x|\leq 1$，所以 $\sin x$ 是有界函数，又因为 $\lim\limits_{x\to\infty}\dfrac{1}{x}=0$，故当 $x\to\infty$ 时，$y=\dfrac{\sin x}{x}$ 是有界函数与无穷小的乘积，由性质 3 可知

$$\lim_{x\to\infty}\frac{\sin x}{x}=0.$$

(2) 当 $x\to\infty$ 时，$|\cos x|\leq 1$，而 $\lim\limits_{x\to\infty}\dfrac{2x-3}{x^2-5x+4}=0$，所以当 $x\to\infty$ 时，$y=\dfrac{(2x-3)\cos x}{x^2-5x+4}$ 是有界函数与无穷小的乘积，由性质 3 可知

$$\lim_{x\to\infty}\frac{(2x-3)\cos x}{x^2-5x+4}=0.$$

二、无穷大量

定义 9 如果当 $x\to x_0$（或 $x\to\infty$）时，$|f(x)|$ 无限增大，则称 $f(x)$ 为当 $x\to x_0$（或 $x\to\infty$）时的无穷大量，简称无穷大.

注意：

(1) 如果函数 $f(x)$ 为当 $x\to x_0$（或 $x\to\infty$）时的无穷大，那么它的极限是不存在的，为方便，记作 $\lim\limits_{x\to x_0}f(x)=\infty$（或 $\lim\limits_{x\to\infty}f(x)=\infty$）.

(2) 如果在无穷大量的定义中，把 $|f(x)|$ 无限增大换成 $f(x)$（或 $-f(x)$）无限增大，就记作 $\lim\limits_{\substack{x\to x_0\\(x\to\infty)}}f(x)=+\infty$（或 $\lim\limits_{\substack{x\to x_0\\(x\to\infty)}}f(x)=-\infty$）.

(3) 不要把无穷大量与很大的数相混淆，常数中没有无穷大量.

例 3 指明自变量怎样变化，下列函数为无穷大：

(1) $y=\ln x$；   (2) $y=2^{-x}$.

解 (1) 当 $x\to+\infty$ 时，$\ln x\to+\infty$，即 $\lim\limits_{x\to+\infty}\ln x=+\infty$；当 $x\to 0^+$ 时，$\ln x\to-\infty$，即 $\lim\limits_{x\to 0^+}\ln x=-\infty$，所以 $x\to+\infty$ 及 $x\to 0^+$ 时，$\ln x$ 都是无穷大；

(2) 因为 $x\to-\infty$ 时，$2^{-x}\to+\infty$，即 $\lim\limits_{x\to-\infty}2^{-x}=+\infty$，所以 $x\to-\infty$ 时 2^{-x} 为无穷大.

三、无穷小与无穷大的关系

无穷小与无穷大之间有一种简单的关系，即在自变量的同一变化过程 $x\to x_0$（或 $x\to\infty$）中，如果 $f(x)$ 为无穷大，则 $\dfrac{1}{f(x)}$ 为无穷小；反之，如果 $f(x)$ 为无穷小，且 $f(x)\neq 0$，则 $\dfrac{1}{f(x)}$ 为无穷大.

四、无穷小的比较

两个无穷小的和、差、积都是无穷小，那么，两个无穷小的商是否仍是无穷小呢？例如，当 $x\to 0$ 时，$3x$，x^2，$\sin x$ 都是无穷小，但是 $\lim\limits_{x\to 0}\dfrac{x^2}{3x}=0$，$\lim\limits_{x\to 0}\dfrac{3x}{x^2}=\infty$，$\lim\limits_{x\to 0}\dfrac{\sin x}{x}=1$. 结果的不同，反映了不同的无穷小趋于零的速度的差异. 为了比较无穷小趋于零的速度快慢，我们

给出如下定义:

定义 10 设在自变量的同一变化过程中,$\alpha = \alpha(x)$ 与 $\beta = \beta(x)$ 都是无穷小,那么

(1) 若 $\lim \dfrac{\beta}{\alpha} = 0$,则称 β 是比 α 高阶的无穷小,记作 $\beta = o(\alpha)$;

(2) 若 $\lim \dfrac{\beta}{\alpha} = \infty$,则称 β 是比 α 低阶的无穷小;

(3) 若 $\lim \dfrac{\beta}{\alpha} = C(C \neq 0)$,则称 β 与 α 是同阶无穷小;

特别地,若 $\lim \dfrac{\beta}{\alpha} = 1$,则称 β 与 α 是等价无穷小,记作 $\alpha \sim \beta$.

等价无穷小在求两个无穷小之比的极限时有重要作用,对此有如下结论:

设 $\alpha \sim \alpha'$,$\beta \sim \beta'$,且 $\lim \dfrac{\beta'}{\alpha'}$ 存在,则 $\lim \dfrac{\beta}{\alpha} = \lim \dfrac{\beta'}{\alpha'}$.

下面是常用的几个等价无穷小量代换公式:

当 $x \to 0$ 时,

(1) $\sin x \sim x$;   (2) $\tan x \sim x$;   (3) $\arcsin x \sim x$;   (4) $\arctan x \sim x$;

(5) $1 - \cos x \sim \dfrac{x^2}{2}$;   (6) $\ln(1+x) \sim x$;   (7) $e^x - 1 \sim x$;   (8) $\sqrt{1+x} - 1 \sim \dfrac{x}{2}$.

利用这一特性可以简化有些函数的极限运算.

例 4 求下列极限:

(1) $\lim\limits_{x \to 0} \dfrac{\ln(1+5x)}{e^{3x} - 1}$;   (2) $\lim\limits_{x \to 0} \dfrac{\arctan 2x}{x}$.

解 (1) 当 $x \to 0$ 时,$\ln(1+5x) \sim 5x$,$e^{3x} - 1 \sim 3x$,所以

$$\lim_{x \to 0} \frac{\ln(1+5x)}{e^{3x} - 1} = \lim_{x \to 0} \frac{5x}{3x} = \frac{5}{3}.$$

(2) 当 $x \to 0$ 时,$\arctan 2x \sim 2x$,所以

$$\lim_{x \to 0} \frac{\arctan 2x}{x} = \lim_{x \to 0} \frac{2x}{x} = 2.$$

例 5 指出当 $x \to 1$ 时,无穷小 $\sqrt{3x+1} - 2$ 与 $x - 1$ 之间的关系.

解 因为

$$\lim_{x \to 1} \frac{\sqrt{3x+1} - 2}{x - 1} = \lim_{x \to 1} \frac{(\sqrt{3x+1} - 2)(\sqrt{3x+1} + 2)}{(x-1)(\sqrt{3x+1} + 2)}$$

$$= \lim_{x \to 1} \frac{(3x+1) - 4}{(x-1)(\sqrt{3x+1} + 2)} = \lim_{x \to 1} \frac{3}{\sqrt{3x+1} + 2} = \frac{3}{4},$$

所以,无穷小 $\sqrt{3x+1} - 2$ 与 $x - 1$ 是同阶无穷小.

习题 1-5

A 组

1. 指出下列各题中哪些是无穷小量，哪些是无穷大量：

   (1) $x^2 \cos \dfrac{1}{x}$，当 $x \to 0$ 时；

   (2) e^x，当 $x \to +\infty$ 时；

   (3) $1 - \dfrac{\sin x}{x}$，当 $x \to 0$ 时；

   (4) $\dfrac{x^2 + x + 1}{x - 1}$，当 $x \to 1$ 时；

   (5) $\tan x$，当 $x \to 0$ 时；

   (6) $\dfrac{2x - 1}{3x^2 + 2}$，当 $x \to \infty$ 时.

2. 下列函数在什么情况下为无穷小？在什么情况下为无穷大？

   (1) $\lg x$；

   (2) $\dfrac{x + 2}{x - 3}$.

3. 求下列函数的极限：

   (1) $\lim\limits_{x \to 0}\left(x \sin \dfrac{1}{x} + \dfrac{1}{x} \sin x\right)$；

   (2) $\lim\limits_{x \to \pi}(x - \pi)\cos \dfrac{1}{x - \pi}$；

   (3) $\lim\limits_{x \to \infty} \dfrac{1}{x}(\cos x + 2)$；

   (4) $\lim\limits_{x \to \infty} \dfrac{x + 3}{x^2 - x}(\sin x + 2)$；

   (5) $\lim\limits_{x \to 0} \dfrac{\tan 3x}{2x}$；

   (6) $\lim\limits_{x \to 0} \dfrac{e^x - 1}{2x}$.

4. $x \to 0$ 时，$2x - x^2$ 与 $x^2 - x^3$ 相比，哪一个是较高阶的无穷小？

B 组

1. 说明下列无穷小量之间的关系：

   (1) 当 $x \to 0$ 时，$\sqrt{1 + x} - 1$ 与 x；

   (2) 当 $x \to 0$ 时，$\sin 2x - \sin x$ 与 x^2；

   (3) 当 $x \to 0$ 时，$x^2 \sin \dfrac{1}{x}$ 与 x；

   (4) 当 $x \to 1$ 时，$\tan(x - 1)$ 与 $x^2 - x$.

2. 已知当 $x \to 0$ 时，$\sqrt{1 + ax^2} - 1$ 与 x^2 是等价无穷小，求 a 的值.

3. 求下列极限：

   (1) $\lim\limits_{x \to \infty} \dfrac{x - \cos x}{x}$；

   (2) $\lim\limits_{x \to 0} \dfrac{\tan x^2}{1 - \cos x}$；

   (3) $\lim\limits_{x \to 0} \dfrac{1 - \cos 2x}{x \sin 3x}$；

   (4) $\lim\limits_{x \to 0} \dfrac{\sin x^3}{\sin^5 x}$.

第六节 函数的连续性

一、函数增量的概念

定义 11 设函数 $y=f(x)$ 在点 x_0 的某个邻域内有定义,当自变量从 x_0 变到 x 时,自变量改变了 $x-x_0$,记为 Δx,即 $\Delta x = x - x_0$,称 Δx 为自变量的增量.函数 y 相应地由 $f(x_0)$ 变到 $f(x_0 + \Delta x)$,因此函数 y 的对应增量为

$$\Delta y = f(x_0 + \Delta x) - f(x_0),$$

称 Δy 为函数在点 x_0 处的增量.增量 Δx、Δy 均是可正、可负的,如图 1 - 13 所示.

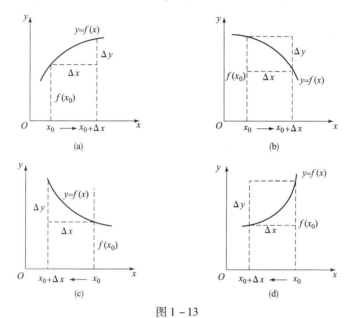

图 1 - 13

二、函数连续性的定义

定义 12 设函数 $y=f(x)$ 在点 x_0 的某个邻域内有定义,如果当自变量的增量 $\Delta x = x - x_0$ 趋于零时,对应的函数增量 $\Delta y = f(x_0 + \Delta x) - f(x_0)$ 也趋于零,即

$$\lim_{\Delta x \to 0} \Delta y = \lim_{\Delta x \to 0} [f(x_0 + \Delta x) - f(x_0)] = 0,$$

则称函数 $y=f(x)$ 在点 x_0 处连续,x_0 称为函数 $y=f(x)$ 的连续点.

函数 $y=f(x)$ 在点 x_0 处连续的定义还可以叙述为:

定义 13 设函数 $y=f(x)$ 同时满足以下三个条件:

(1) 函数 $f(x)$ 在点 x_0 处有定义;

(2) $\lim\limits_{x \to x_0} f(x)$ 存在;

(3) $\lim\limits_{x \to x_0} f(x) = f(x_0)$.

则称函数 $y=f(x)$ 在点 x_0 处连续.

若函数 $f(x)$ 满足 $\lim\limits_{x\to x_0^+}f(x)=f(x_0)$,则称函数 $f(x)$ 在点 x_0 处右连续;若函数 $f(x)$ 满足 $\lim\limits_{x\to x_0^-}f(x)=f(x_0)$,则称函数 $f(x)$ 在点 x_0 处左连续.

显然,函数 $f(x)$ 在点 x_0 处连续的充分必要条件是函数在点 x_0 处既左连续又右连续.

如果函数 $f(x)$ 在区间 (a,b) 内每一点都连续,则称函数 $f(x)$ 在开区间 (a,b) 内连续. 称 (a,b) 为 $f(x)$ 的连续区间.

如果函数 $f(x)$ 在开区间 (a,b) 内连续,且在左端点 a 处右连续,在右端点 b 处左连续,那么称函数在闭区间 $[a,b]$ 上连续.

例1 讨论函数 $f(x)=\begin{cases}x+1, & x>0,\\ 0, & x=0,\\ x-1, & x<0\end{cases}$ 在 $x=0$ 处的连续性.

解 (1)函数 $f(x)$ 在 $x=0$ 处有定义 $f(0)=0$;

(2) $\lim\limits_{x\to 0^-}f(x)=\lim\limits_{x\to 0^-}(x-1)=-1$, $\lim\limits_{x\to 0^+}f(x)=\lim\limits_{x\to 0^+}(x+1)=1$.

因为 $\lim\limits_{x\to 0^-}f(x)\neq\lim\limits_{x\to 0^+}f(x)$,可知 $\lim\limits_{x\to 0}f(x)$ 不存在,所以 $f(x)$ 在点 $x=0$ 处不连续.

例2 已知 $f(x)=\begin{cases}a+\dfrac{1}{x}\sin x, & x<0,\\ 3x+2a, & x\geqslant 0\end{cases}$ 在 $x=0$ 处连续,求 a 的值.

解 由于 $f(x)$ 在 $x=0$ 处连续,根据定义13,$f(x)$ 在 $x=0$ 处应同时满足连续的三个条件,因此有
$$\lim_{x\to 0}f(x)=f(0).$$
再根据极限存在的充分必要条件,有
$$\lim_{x\to 0^+}f(x)=\lim_{x\to 0^-}f(x)=f(0),$$
而
$$\lim_{x\to 0^+}f(x)=\lim_{x\to 0^+}(3x+2a)=2a,$$
$$\lim_{x\to 0^-}f(x)=\lim_{x\to 0^-}\left(a+\dfrac{1}{x}\sin x\right)=a+1,$$
所以有
$$2a=a+1,$$
得
$$a=1.$$

当定义13的三个条件中至少有一个不满足时,函数 $y=f(x)$ 在点 x_0 处间断,x_0 称为函数的间断点.

如函数 $y=f(x)=\begin{cases}x, & x\neq 1,\\ \dfrac{1}{2}, & x=1,\end{cases}$ 由于 $\lim\limits_{x\to 1}f(x)=\lim\limits_{x\to 1}x=1$,但 $f(1)=\dfrac{1}{2}$,因此,点 $x=1$ 是函数 $f(x)$ 的间断点.

三、初等函数的连续性

定理 1 若函数 $f(x)$ 和 $g(x)$ 在点 x_0 处均连续,则 $f(x) \pm g(x)$, $f(x) \cdot g(x)$, $\dfrac{f(x)}{g(x)}$ $(g(x_0) \neq 0)$ 在 x_0 处也连续.

定理 2 设函数 $y = f(u)$ 在 $u = u_0$ 处连续,函数 $u = \varphi(x)$ 在 $x = x_0$ 处连续,且 $u_0 = \varphi(x_0)$,则复合函数 $y = f[\varphi(x)]$ 在 $x = x_0$ 处也连续. 即

$$\lim_{x \to x_0} f[\varphi(x)] = \lim_{u \to u_0} f(u) = f(u_0) = f[\varphi(x_0)] = f[\lim_{x \to x_0} \varphi(x)].$$

重要结论 若函数在某点连续,则极限符号与函数符号可以交换位置,这为求极限带来极大方便.

例 3 求下列函数的极限:

(1) $\lim\limits_{x \to \infty} \log_2 \left(4 + \dfrac{1}{x^2}\right)$; (2) $\lim\limits_{x \to 3} \sqrt{\dfrac{x-3}{x^2-9}}$.

解 (1) $\lim\limits_{x \to \infty} \log_2 \left(4 + \dfrac{1}{x^2}\right) = \log_2 \left[\lim\limits_{x \to \infty} \left(4 + \dfrac{1}{x^2}\right)\right] = \log_2 4 = 2$;

(2) $\lim\limits_{x \to 3} \sqrt{\dfrac{x-3}{x^2-9}} = \sqrt{\lim\limits_{x \to 3} \dfrac{x-3}{x^2-9}} = \sqrt{\lim\limits_{x \to 3} \dfrac{1}{x+3}} = \sqrt{\dfrac{1}{6}} = \dfrac{\sqrt{6}}{6}$.

定理 3 一切初等函数在其定义区间内都是连续的.

这就是说,如果 x_0 是初等函数 $f(x)$ 定义域内的一点,则 $f(x)$ 在点 x_0 处连续,即有

$$\lim_{x \to x_0} f(x) = f(x_0).$$

因此,在求初等函数在其定义域内某点处的极限时,只需求函数在该点的函数值即可;求初等函数的连续区间,只需求函数的定义域即可.

例 4 求下列函数的极限:

(1) $\lim\limits_{x \to 2} \dfrac{e^x + 1}{x}$; (2) $\lim\limits_{x \to \frac{\pi}{6}} \ln(2\cos 2x)$.

解 (1) 因为 $\dfrac{e^x + 1}{x}$ 是初等函数,且 $x = 2$ 是它定义域内的一点,所以有

$$\lim_{x \to 2} \dfrac{e^x + 1}{x} = \dfrac{e^2 + 1}{2};$$

(2) $\lim\limits_{x \to \frac{\pi}{6}} \ln(2\cos 2x) = \ln\left[2\cos\left(2 \times \dfrac{\pi}{6}\right)\right] = \ln\left(2 \times \dfrac{1}{2}\right) = \ln 1 = 0$.

四、闭区间上连续函数的性质

定理 4 (最值定理)若函数 $f(x)$ 在闭区间 $[a,b]$ 上连续,则函数 $f(x)$ 在该区间上一定存在最大值和最小值.

定理 5 (介值定理)若函数 $f(x)$ 在闭区间 $[a,b]$ 上连续,m 和 M 分别是函数 $f(x)$ 在区间 $[a,b]$ 上的最小值和最大值,则对介于 m 和 M 之间的任意实数 c,至少存在一点 $\xi \in$

(a,b),使 $f(\xi)=c$.

定理 6 (零点定理)若函数 $f(x)$ 在闭区间 $[a,b]$ 上连续,且 $f(a)$ 与 $f(b)$ 异号,则在区间 (a,b) 内至少存在一点 ξ,使得 $f(\xi)=0$.

例 5 证明方程 $x^5-3x^3+x-1=0$ 在区间 $(0,2)$ 内至少有一个根.

证明 设 $f(x)=x^5-3x^3+x-1$,由于 $f(x)$ 是初等函数,所以它在 $[0,2]$ 上连续. 又因为 $f(0)=-1<0, f(2)=9>0$,由零点定理可知,在区间 $(0,2)$ 内至少有一点 ξ,使得 $f(\xi)=0$. 即方程 $x^5-3x^3+x-1=0$ 在区间 $(0,2)$ 内至少有一个根.

习题 1-6

A 组

1. 求下列极限：

(1) $\lim\limits_{x\to 0}\sqrt{x^2-2x+5}$;

(2) $\lim\limits_{x\to 1}\sin\ln x$;

(3) $\lim\limits_{x\to e}(x\ln x+2x)$;

(4) $\lim\limits_{x\to 0}\ln\dfrac{\sin x}{x}$;

(5) $\lim\limits_{x\to\infty}e^{\frac{1}{x}}$;

(6) $\lim\limits_{x\to\infty}\ln\left(1+\dfrac{1}{x}\right)^x$.

2. 讨论函数 $f(x)=\begin{cases} x^2, & 0\leq x\leq 1, \\ 2-x, & 1<x\leq 2 \end{cases}$ 在 $x=1$ 处的连续性.

3. 求下列函数的间断点：

(1) $f(x)=\dfrac{x^2-25}{x-5}$;

(2) $f(x)=\dfrac{1}{x^2+3x+2}$;

(3) $f(x)=\begin{cases} \dfrac{x^2+x-2}{x+2}, & x\neq -2, \\ 1, & x=-2; \end{cases}$

(4) $f(x)=\begin{cases} x, & x<1, \\ -x^2+4x-2, & 1\leq x<3, \\ 2-x, & x\geq 3. \end{cases}$

B 组

1. 求下列极限：

(1) $\lim\limits_{x\to 0}\dfrac{\ln(1+x)}{x}$;

(2) $\lim\limits_{x\to 0}\cos[\ln(x^2+1)]$;

(3) $\lim\limits_{x\to 0}\sin(\sqrt{x+2}-\sqrt{x})$;

(4) $\lim\limits_{x\to -8}\dfrac{\sqrt{1-x}+3}{2-\sqrt[3]{x}}$.

2. 设 $f(x) = \begin{cases} ax^2 + bx, & x < 1, \\ 3, & x = 1, \\ 2a - bx, & x > 1, \end{cases}$ 试确定 a,b 的值,使 $f(x)$ 在 $x = 1$ 处连续.

3. 证明方程 $x\ln(x+2) = 1$ 至少有一个小于1的正根.

4. 证明方程 $x^3 - x - 2 = 0$ 在区间 $(0,2)$ 内至少有一个根.

自测题一

1. 填空题:

(1) 设 $f(x) = \dfrac{\ln(1-x)}{\sqrt{x+4}}$,则 $f(x)$ 的定义域是_____.

(2) $\lim\limits_{x \to 0} \dfrac{\sqrt{4+x} - 2}{x} = $_____.

(3) 若 $\lim\limits_{x \to 0} \dfrac{\sin ax}{2x} = \dfrac{2}{3}$,则 $a = $_____.

(4) 若 $\lim\limits_{x \to \infty} \left(1 + \dfrac{a}{x}\right)^x = e^2$,则 $a = $_____.

(5) $\lim\limits_{x \to 0} \dfrac{\sin x}{x} = $_____,$\lim\limits_{x \to \infty} \dfrac{\sin x}{x} = $_____.

(6) 当 $x \to 4$ 时,$\sqrt{x} - 2$ 与 $x^2 - 16$ 相比是_____无穷小.

(7) 当 $x \to 8$ 时,$a(\sqrt{2x} - 4)$ 与 $x - 8$ 是等价无穷小,则 $a = $_____.

(8) 设 $f(x) = \begin{cases} a + x^2, & x \leq 0, \\ \dfrac{\sin 3x}{x}, & x > 0 \end{cases}$ 在点 $x = 0$ 处连续,则 $a = $_____.

2. 单项选择题:

(1) 下列四个函数中为有界函数的是( ).

A. $x\sin x$ B. $x\sin\dfrac{1}{x}$ C. $\dfrac{\sin x}{x}$ D. $\sin 2x$

(2) 下列极限存在的是( ).

A. $\lim\limits_{x \to \infty}(x^2 + 3)$ B. $\lim\limits_{x \to 0} \dfrac{1}{2^x - 1}$ C. $\lim\limits_{x \to \infty} \dfrac{x(x+1)}{x^2}$ D. $\lim\limits_{x \to 0} \sin\dfrac{1}{x}$

(3) 若 $\lim\limits_{x \to 3} \dfrac{x^2 - 2x + k}{x - 3} = 4$,则 $k = $( ).

A. 3   B. -3 C. 1   D. -1

(4) $\lim\limits_{x \to 0} \ln(1-x)^{\frac{1}{x}} = ($).

A. -1 B. 0 C. ∞ D. 1

(5) 设函数 $f(x) = \begin{cases} \frac{1}{2}x, & x \neq 2, \\ \frac{1}{2}, & x = 2, \end{cases}$ 则 $\lim\limits_{x \to 2} f(x) = ($).

A. 2 B. 1 C. 1.5 D. 不存在

(6) 设 $\alpha = 1 - \cos x, \beta = 2x^2$,则当 $x \to 0$ 时( ).

A. α 与 β 是同阶但不等价的无穷小 B. α 与 β 是等价的无穷小
C. α 是比 β 较高阶的无穷小 D. α 是比 β 较低阶的无穷小

3. 分解下列复合函数：

(1) $y = \cos\dfrac{1}{x+1}$;

(2) $y = 2^{\sin\sqrt{x^2+1}}$;

(3) $y = \ln\arccos x^5$;

(4) $y = \lg^2(5x+2)^2$.

4. 求下列极限：

(1) $\lim\limits_{x \to 5} \dfrac{x-5}{\sqrt{3x+1}-4}$;

(2) $\lim\limits_{x \to 3} \dfrac{x^2-10x+21}{x^2-4x+3}$;

(3) $\lim\limits_{x \to \infty} \left(3 + \dfrac{2}{x} - \dfrac{1}{x^2}\right)$;

(4) $\lim\limits_{x \to \infty} \dfrac{x^2-5x+1}{x^2-4x+3}$;

(5) $\lim\limits_{x \to 1} \dfrac{\sin(x-1)}{x^2+x-2}$;

(6) $\lim\limits_{x \to \infty} \left(\dfrac{x-1}{x+1}\right)^x$.

5. 求证方程 $x^5 - 3x = 1$ 至少有一个实根介于 1 和 2 之间.

阅读材料一

刘徽和他创立的割圆术

刘徽(生于公元 250 年左右),是中国数学史上一个非常伟大的数学家,在世界数学史上也占有杰出的地位.他的杰作《九章算术》和《海岛算经》是我国极为宝贵的数学遗产.

《九章算术》约成书于东汉之初,共有 246 个问题的解法.在许多方面,如解联立方程,分数四则运算,正负数运算,几何图形的体积、面积计算等,都属于世界先进之列,但因解法比较原始,缺乏必要的证明,而刘徽则对此均作了补充证明.在这些证明中,显示了他在多方面的创造性贡献.他是世界上最早提出十进小数概念的人,并用十进小数来表示无理数的立方根.在代数方面,他正确地提出了正负数的概念及其加减运算的法则;改进了线性方程组的解法.在几何方面,他提出了"割圆术",即将圆周用内接或外切正多边形穷竭的一种求圆面积和圆周长的方法.

圆周率是对圆形和球体进行数学分析时不可缺少的一个常数,各国古代科学家均将圆周率作为一个重要课题.我国最早采用的圆周率数值为三,即所谓"径一周三".《九章算术》中采用了这个数据,"方田"中有这样一个问题"今有圆田,周三十步,径十步,问田有几何?"很显然,这个数值不能满足精确计算的要求.汉代一些数学家已发现了这一问题,并在实际应用时采用多种圆周率数值.经过他们的努力,数值精确度虽有提高,但大多是经验成果,缺少理论基础.

圆周率计算上的突破,依赖于有效方法的诞生,这种方法就是割圆术.刘徽经过深入研究,发现圆内接正多边形边数无限增加时,多边形周长可无限逼近圆周长,从而创立了"割圆术".

割圆术的主要内容:一是在圆内作内接正六边形,每边边长均等于半径,再作正十二边形,从勾股定理出发,求得正十二边形的边长,以此类推,从内接 n 边形的边长可推知内接 $2n$ 边形的边长;二是从圆内接正 n 边形每边边长可求得内接多边形的面积;三是圆的面积介于两个可求得的值之间.

依据极限观念,刘徽指出:随着圆内接正多边形边数的增加,它的周长和面积越来越接近圆周长和圆面积,"割之弥细,所失弥少,割之又割,以至于不可割,则与圆周合体而无所失矣".将这种极限思想和上述不等式结合起来,通过不断增加多边形边数,就可以从不足近似值和过剩近似值两个方面逼近圆周率的真值.这两个数据的精确度是当时世界上前所未有的.与刘徽类似的是,古希腊的阿基米德也用正多边形法去求圆周率,但是阿基米德是用归纳法证得这一结果的,避开了极限概念,而刘徽却大胆地应用了以直代曲、无限趋近的思想方法;且阿基米德的方法需另外计算圆外切正多边形的面积,刘徽的方法则只需求内接正多边形的面积.与阿基米德相比,刘徽的方法可谓事半功倍.

在《海岛算经》一书中,刘徽精心选编了 9 个测量问题,这些题目的创造性、复杂性和富有代表性,都在当时为西方所瞩目.刘徽思维敏捷,方法灵活,既提倡推理又主张直观.他是我国最早明确主张用逻辑推理的方式来论证数学命题的人.

刘徽的一生是为数学刻苦钻研的一生,他虽然地位低下,但人格高尚.他不是沽名钓誉的庸人,而是学而不厌的伟人,他给我们中华民族留下了宝贵的财富.

第二章 导数与微分

微分学是微积分的重要组成部分,导数与微分是微分学中的基本概念. 导数反映了函数相对于自变量的变化率,它使人们能够利用数学工具描述事物变化的快慢以及解决一系列与之相关的问题. 微分反映了当自变量有微小变化时,相应的函数改变了多少. 导数与微分在工程、社会经济管理等各个领域都有十分重要的应用. 本章主要研究导数与微分的概念及计算方法.

第一节 导数的概念

一、两个引例

引例 1 变速直线运动的速度问题

设质点沿直线做变速运动,其运动规律为 $s = s(t)$,现在来考虑质点在 t_0 时刻的瞬时速度.

对于匀速运动来说,速度公式是

$$速度 = \frac{距离}{时间}.$$

可是对于变速运动,上述公式不适用. 但我们知道,在很短的时间内,速度变化很小,变速运动接近于匀速运动,因此我们可以利用上述公式先求得平均速度,再利用极限这个数学工具解决瞬时速度问题.

在 $[t_0, t_0 + \Delta t]$ 这段时间内,质点的平均速度为

$$\bar{v} = \frac{\Delta s}{\Delta t} = \frac{s(t_0 + \Delta t) - s(t_0)}{\Delta t}.$$

显然,时间间隔越短,$\bar{v}$ 就越接近于 t_0 时刻的速度. 因此,当 $\Delta t \to 0$ 时,如果上式的极限存在,此极限值就定义为质点在 t_0 时刻的瞬时速度. 即

$$v = \lim_{\Delta t \to 0} \frac{\Delta s}{\Delta t} = \lim_{\Delta t \to 0} \frac{s(t_0 + \Delta t) - s(t_0)}{\Delta t}.$$

引例 2 曲线的切线问题

如图 2-1 所示,设 $A(x_0, y_0)$ 为曲线 $y = f(x)$ 上一定点,当自变量 x 由 x_0 变到 $x_0 + \Delta x$ 时,在 A 点附近得到曲线上另一点 $B(x_0 + \Delta x, y_0 + \Delta y)$.

割线 AB 的斜率是:

$$\tan \beta = \frac{\Delta y}{\Delta x}.$$

其中 β 是割线 AB 的倾斜角. 当 B 点沿曲线无限接近于 A 点时, 即 $\Delta x \to 0$ 时, 割线 AB 的极限位置 AT 就称为曲线在 A 点处的切线. 此时割线 AB 的倾斜角 β 也无限接近于切线的倾斜角 α, 则切线 AT 的斜率为

$$\tan \alpha = \lim_{\Delta x \to 0} \tan \beta = \lim_{\Delta x \to 0} \frac{\Delta y}{\Delta x}.$$

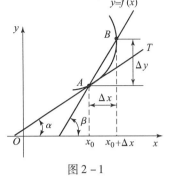

图 2-1

上述两例虽然实际意义有所不同, 但都反映了共同的数学关系, 即当自变量的增量趋于零时, 计算函数的增量与自变量增量之比的极限, 这个极限在数学中称为导数.

二、导数的定义

定义 1 设函数 $y = f(x)$ 在点 x_0 的某个邻域内有定义, 当 x 在 x_0 处有增量 Δx 时, 相应有函数的增量 $\Delta y = f(x_0 + \Delta x) - f(x_0)$, 如果当 $\Delta x \to 0$ 时, 极限

$$\lim_{\Delta x \to 0} \frac{\Delta y}{\Delta x} = \lim_{\Delta x \to 0} \frac{f(x_0 + \Delta x) - f(x_0)}{\Delta x}$$

存在, 则称此极限值为函数 $y = f(x)$ 在点 x_0 处的导数. 记作

$$y' \big|_{x = x_0} \quad \text{或} \quad f'(x_0) \quad \text{或} \quad \frac{\mathrm{d}y}{\mathrm{d}x} \bigg|_{x = x_0}.$$

即

$$f'(x_0) = \lim_{\Delta x \to 0} \frac{\Delta y}{\Delta x} = \lim_{\Delta x \to 0} \frac{f(x_0 + \Delta x) - f(x_0)}{\Delta x}. \tag{2-1}$$

如果式 (2-1) 的极限不存在, 就称函数 $f(x)$ 在 x_0 处不可导.

函数 $y = f(x)$ 在点 x_0 处的导数还可以表示为

$$f'(x_0) = \lim_{x \to x_0} \frac{f(x) - f(x_0)}{x - x_0}. \tag{2-2}$$

如果函数 $y = f(x)$ 在 (a, b) 内的每一点都可导, 就称 $f(x)$ 在 (a, b) 内可导, 这样 $f'(x)$ 就是一个随 x 变化的函数, 叫作导函数, 记作 y', $f'(x)$, $\frac{\mathrm{d}y}{\mathrm{d}x}$, 即

$$f'(x) = \lim_{\Delta x \to 0} \frac{f(x + \Delta x) - f(x)}{\Delta x}. \tag{2-3}$$

显然 $f(x)$ 在点 x_0 处的导数 $f'(x_0)$ 就是导函数 $f'(x)$ 在 $x = x_0$ 处的函数值, 即

$$f'(x_0) = f'(x) \big|_{x = x_0}.$$

今后, 在不至于发生混淆的地方, 我们把导函数简称为导数.

例 1 求函数 $f(x) = C$ (C 是常数) 的导数.

解 $C' = \lim\limits_{\Delta x \to 0} \dfrac{f(x + \Delta x) - f(x)}{\Delta x} = \lim\limits_{\Delta x \to 0} \dfrac{C - C}{\Delta x} = 0.$

即 $C' = 0$.

例 2 求函数 $y = x^2$ 的导数.

解 $(x^2)' = \lim\limits_{\Delta x \to 0} \dfrac{f(x+\Delta x) - f(x)}{\Delta x} = \lim\limits_{\Delta x \to 0} \dfrac{(x+\Delta x)^2 - x^2}{\Delta x} = \lim\limits_{\Delta x \to 0} \dfrac{2x\Delta x + (\Delta x)^2}{\Delta x}$

$= \lim\limits_{\Delta x \to 0} (2x + \Delta x) = 2x.$

即 $(x^2)' = 2x$.

三、导数的实际意义

我们已经知道,函数相对于自变量的变化率在数学中叫导数,在不同的学科中均有其实际意义.

1. 瞬时速度

在变速直线运动中,路程函数 $s = s(t)$ 相对于时间 t 的导数,就是质点在 t_0 时刻的瞬时速度,即 $v(t_0) = \dfrac{\mathrm{d}s}{\mathrm{d}t}\bigg|_{t=t_0}$,这是导数的物理意义.

2. 边际函数

经济函数 $Q = Q(p)$ 在 p_0 时的导数 $Q'(p_0)$ 在经济分析中称为边际,这是导数的经济意义.

3. 切线的斜率

曲线 $y = f(x)$ 在点 $M(x_0, y_0)$ 处的切线斜率 k 就是函数 $y = f(x)$ 在 x_0 处的导数,即 $k = f'(x_0)$,这是导数的几何意义.

曲线 $y = f(x)$ 在点 (x_0, y_0) 处的切线方程为

$$y - y_0 = f'(x_0)(x - x_0).$$

例 3 求曲线 $y = x^2$ 在点 $(1,1)$ 处的切线斜率及切线方程.

解 因为 $y' = 2x$,由导数的几何意义得,切线的斜率是 $k = y'|_{x=1} = 2$.

所以,曲线的切线方程是

$$y - 1 = 2(x - 1),$$

即 $2x - y - 1 = 0$.

四、可导与连续的关系

如果函数 $y = f(x)$ 在 x_0 处可导,则有 $f'(x_0) = \lim\limits_{\Delta x \to 0} \dfrac{\Delta y}{\Delta x}$,由于

$\Delta y = \dfrac{\Delta y}{\Delta x} \Delta x (\Delta x \neq 0)$,$\lim\limits_{\Delta x \to 0} \Delta y = \lim\limits_{\Delta x \to 0} \dfrac{\Delta y}{\Delta x} \Delta x = f'(x_0) \cdot 0 = 0$,所以 $f(x)$ 在 x_0 处连续.

但是,函数 $y = f(x)$ 在 x_0 处连续,却不一定可导.例如函数 $y = |x|$ 在 $x = 0$ 处连续却不可导,如图 2-2 所示.

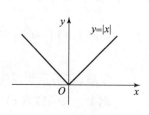

图 2-2

由此我们可以得到可导与连续的关系,即如果函数 $y=f(x)$ 在 x_0 处可导,则 $f(x)$ 在 x_0 处必连续;函数 $y=f(x)$ 在 x_0 处连续,$f(x)$ 不一定在 x_0 处可导.

习题 2−1

A 组

1. 设 $f(x)$ 在 x_0 处可导,求下列各式的值:

(1) $\lim\limits_{\Delta x \to 0} \dfrac{f(x_0+2\Delta x)-f(x_0)}{\Delta x}$;

(2) $\lim\limits_{\Delta x \to 0} \dfrac{f(x_0-\Delta x)-f(x_0)}{\Delta x}$;

(3) $\lim\limits_{h \to 0} \dfrac{f(x_0+h)-f(x_0)}{h}$;

(4) $\lim\limits_{h \to 0} \dfrac{f(x_0-2h)-f(x_0)}{h}$.

2. 设 $f(x)=ax+b$(a,b 为常数),试按导数定义求 $f'(x)$.

3. 求曲线 $y=x^3$ 在点 $(1,1)$ 处的切线斜率和切线方程.

4. 求曲线 $y=\sin x$ 在 $x=\dfrac{\pi}{3}$ 处的切线斜率.

B 组

1. 函数在点 x_0 处连续是在该点可导的( ).

A. 充分条件　　　B. 必要条件　　　C. 充要条件　　　D. 无关条件

2. 求曲线 $y=\dfrac{1}{x}$ 在点 $(1,1)$ 处的切线方程.

3. 求曲线 $y=\sqrt{x}$ 在 $x=4$ 处的切线斜率和切线方程.

第二节　导数的基本公式与运算法则

一、基本初等函数的导数

根据导数的定义,我们来推导部分基本初等函数的导数.

1. 幂函数的导数

我们将通过几个具体函数的求导过程来给出幂函数的求导公式.

例 1　求下列函数的导数:

(1) $y=x^3$;　(2) $y=\dfrac{1}{x}$;　(3) $y=\sqrt{x}$.

解　(1) $(x^3)' = \lim\limits_{\Delta x \to 0} \dfrac{f(x+\Delta x)-f(x)}{\Delta x} = \lim\limits_{\Delta x \to 0} \dfrac{(x+\Delta x)^3 - x^3}{\Delta x}$

$$= \lim_{\Delta x \to 0} \frac{3x^2 \Delta x + 3x(\Delta x)^2 + (\Delta x)^3}{\Delta x} = \lim_{\Delta x \to 0} [3x^2 + 3x\Delta x + (\Delta x)^2] = 3x^2.$$

即 $(x^3)' = 3x^2.$

(2) $\left(\dfrac{1}{x}\right)' = \lim\limits_{\Delta x \to 0} \dfrac{f(x+\Delta x) - f(x)}{\Delta x} = \lim\limits_{\Delta x \to 0} \dfrac{\dfrac{1}{x+\Delta x} - \dfrac{1}{x}}{\Delta x}$

$$= \lim_{\Delta x \to 0} \frac{\dfrac{-\Delta x}{x(x+\Delta x)}}{\Delta x} = \lim_{\Delta x \to 0} -\frac{1}{x(x+\Delta x)} = -\frac{1}{x^2}.$$

即 $\left(\dfrac{1}{x}\right)' = -\dfrac{1}{x^2} = -x^{-2}.$

(3) $(\sqrt{x})' = \lim\limits_{\Delta x \to 0} \dfrac{f(x+\Delta x) - f(x)}{\Delta x} = \lim\limits_{\Delta x \to 0} \dfrac{\sqrt{x+\Delta x} - \sqrt{x}}{\Delta x}$

$$= \lim_{\Delta x \to 0} \frac{\Delta x}{\Delta x(\sqrt{x+\Delta x} + \sqrt{x})} = \lim_{\Delta x \to 0} \frac{1}{\sqrt{x+\Delta x} + \sqrt{x}} = \frac{1}{2\sqrt{x}}.$$

即 $y' = (\sqrt{x})' = \dfrac{1}{2\sqrt{x}} = \dfrac{1}{2} x^{-\frac{1}{2}}.$

一般地,对幂函数 $y = x^\alpha$(α 是实数,$\alpha \neq 0$),有

$$y' = (x^\alpha)' = \alpha x^{\alpha - 1}.$$

2. 正弦、余弦函数的导数

$(\sin x)' = \lim\limits_{\Delta x \to 0} \dfrac{f(x+\Delta x) - f(x)}{\Delta x} = \lim\limits_{\Delta x \to 0} \dfrac{\sin(x+\Delta x) - \sin x}{\Delta x}$

$$= \lim_{\Delta x \to 0} \frac{2\cos\left(x + \dfrac{\Delta x}{2}\right) \sin \dfrac{\Delta x}{2}}{\Delta x} = \lim_{\Delta x \to 0} \frac{\cos\left(x + \dfrac{\Delta x}{2}\right) \sin \dfrac{\Delta x}{2}}{\dfrac{\Delta x}{2}} = \cos x.$$

所以 $(\sin x)' = \cos x.$

同理可得 $(\cos x)' = -\sin x.$

利用导数定义计算函数的导数,对于比较复杂的函数来说往往是很困难的. 下面给出导数的运算法则,这样可以简化一些基本初等函数的求导过程.

二、函数的和、差、积、商的求导法则

设函数 $u = u(x), v = v(x)$ 在点 x 处可导,则有如下求导法则:

$$(u \pm v)' = u' \pm v'. \tag{2-4}$$

$$(uv)' = u'v + uv'. \tag{2-5}$$

特殊地 $(Cu)' = C \cdot u'$ (C 是常数).

$$\left(\frac{u}{v}\right)' = \frac{u'v - uv'}{v^2} \quad (v \neq 0). \tag{2-6}$$

式(2-4)、式(2-5)均可以推广至有限个函数的情形.

例 2 设 $y = x^5 + \sqrt{x} - \dfrac{1}{x} + \cos x - 5$,求 y'.

解 $y' = \left(x^5 + \sqrt{x} - \dfrac{1}{x} + \cos x - 5\right)'$

$= (x^5)' + (\sqrt{x})' - \left(\dfrac{1}{x}\right)' + (\cos x)' - 5'$

$= 5x^4 + \dfrac{1}{2\sqrt{x}} + \dfrac{1}{x^2} - \sin x.$

例 3 设 $y = e^x \sin x$,求 y'.

解 $y' = (e^x)' \sin x + e^x (\sin x)' = e^x \sin x + e^x \cos x = e^x(\sin x + \cos x).$

例 4 求下列函数的导数:

(1) $y = \tan x$; (2) $y = \sec x$.

解 (1) $y' = (\tan x)' = \left(\dfrac{\sin x}{\cos x}\right)'$

$= \dfrac{(\sin x)' \cos x - \sin x (\cos x)'}{(\cos x)^2}$

$= \dfrac{\cos^2 x + \sin^2 x}{\cos^2 x} = \dfrac{1}{\cos^2 x} = \sec^2 x.$

即 $(\tan x)' = \sec^2 x.$

同理有 $(\cot x)' = -\csc^2 x.$

(2) $y' = (\sec x)' = \left(\dfrac{1}{\cos x}\right)'$

$= -\dfrac{(\cos x)'}{\cos^2 x} = \dfrac{\sin x}{\cos^2 x}$

$= \sec x \cdot \tan x.$

即 $(\sec x)' = \sec x \cdot \tan x.$

同理有 $(\csc x)' = -\csc x \cdot \cot x.$

例 5 设 $f(x) = x^2 \sin x$,求 $f'\left(\dfrac{\pi}{2}\right)$.

解 因为 $f'(x) = (x^2)' \sin x + x^2 (\sin x)' = 2x \sin x + x^2 \cos x$,所以

$$f'\left(\dfrac{\pi}{2}\right) = \pi.$$

关于其他基本初等函数的导数,在这里就不一一推导了. 为便于同学们查阅、计算,现将基本初等函数的求导公式汇总如下:

(1) $C' = 0$(C 为常数);   (2) $(x^\alpha)' = \alpha x^{\alpha-1}$($\alpha$ 为实数,$\alpha \neq 0$);

(3) $(\log_a x)' = \dfrac{1}{x \ln a}$;   (4) $(\ln x)' = \dfrac{1}{x}$;

(5) $(a^x)' = a^x \ln a$;   (6) $(e^x)' = e^x$;

(7) $(\sin x)' = \cos x$;   (8) $(\cos x)' = -\sin x$;

(9) $(\tan x)' = \sec^2 x$;   (10) $(\cot x)' = -\csc^2 x$;

(11) $(\sec x)' = \sec x \cdot \tan x$;   (12) $(\csc x)' = -\csc x \cdot \cot x$;

(13) $(\arcsin x)' = \dfrac{1}{\sqrt{1-x^2}}$;   (14) $(\arccos x)' = -\dfrac{1}{\sqrt{1-x^2}}$;

(15) $(\arctan x)' = \dfrac{1}{1+x^2}$;   (16) $(\text{arccot}\, x)' = -\dfrac{1}{1+x^2}$.

习题 2-2

A 组

1. 利用幂函数的求导公式求下列函数的导数:

(1) $y = x^5$;   (2) $y = \dfrac{1}{x^4}$;   (3) $y = \sqrt[3]{x^2}$;   (4) $y = \dfrac{1}{\sqrt[3]{x^2}}$.

2. 求下列函数的导数:

(1) $y = x^3 + \dfrac{1}{x^3} + 3$;

(2) $y = \sqrt{x} - \dfrac{1}{\sqrt{x}} + \sqrt{2}$;

(3) $f(x) = 2x^3 - 5x^2 + \ln 3$;

(4) $f(x) = 3\sin x + 2\ln x + \cos \dfrac{\pi}{3}$;

(5) $y = \cos x - 2e^x + \csc x$;

(6) $y = x^5 + 5^x$;

(7) $y = \dfrac{x}{m} - \dfrac{m}{x} + x^m - m^x$ (m 是常数);

(8) $y = x^2 \sin x$;

(9) $f(x) = \sqrt{x}(1 + x^2)$;

(10) $f(x) = x^3 \ln x$;

(11) $u = \varphi \cos \varphi + \sin \varphi$;

(12) $y = 2e^x \cos x$;

(13) $y = \dfrac{x-1}{x+1}$;

(14) $y = \dfrac{\ln x}{x}$.

3. 求下列函数在指定点处的导数:

(1) $y = 2x^3 + 3x^2 + 6x$, 求 $y'|_{x=0}$, $y'|_{x=-1}$;

(2) $f(x) = 3\sin x - \cos x$, 求 $f'\left(\dfrac{\pi}{2}\right)$, $f'(\pi)$;

(3) $y = x^3 \ln x$, 求 $\dfrac{dy}{dx}\bigg|_{x=2}$;

(4) $f(x) = \dfrac{x^2}{2} + 3\cos x$, 求 $f'(0)$, $f'\left(\dfrac{\pi}{2}\right)$;

(5) $f(x) = \sqrt{x} - \dfrac{1}{x}$, 求 $f'(4)$;

(6) $y = x^2 \cos x$,求 $\dfrac{dy}{dx}\big|_{x=0}$,$\dfrac{dy}{dx}\big|_{x=\pi}$;

(7) $y = x\cos x + 3x^2$,求 $y'|_{x=-\pi}$,$y'|_{x=\pi}$;

(8) $y = 2^x + x^2$,求 $\dfrac{dy}{dx}\big|_{x=0}$,$\dfrac{dy}{dx}\big|_{x=1}$;

(9) $f(x) = x^2(\ln x + 1)$,求 $f'(1)$,$f'(2)$.

B 组

1. 求下列函数的导数:

(1) $y = (\sqrt{x} + 1)\left(\dfrac{1}{\sqrt{x}} - 1\right)$;

(2) $f'(x) = (x^2 - 3x + 2)(x^4 + x^2 - 1)$;

(3) $y = \dfrac{1+\sqrt{x}}{1-\sqrt{x}}$;

(4) $u = \dfrac{\sin x}{1+\cos x}$;

(5) $f(x) = \dfrac{1-\ln x}{1+\ln x}$;

(6) $s = \dfrac{1+\sin t}{1+\cos t}$;

(7) $y = x\sin x \ln x$;

(8) $y = x\sec x + \tan x$.

2. 求下列函数在指定点处的导数:

(1) $\varphi(x) = 2x\tan x + 3\ln x$,求 $\varphi'\left(\dfrac{\pi}{4}\right)$,$\varphi'(\pi)$;

(2) $f(x) = \dfrac{\sin x + 2}{x}$,求 $f'\left(-\dfrac{\pi}{2}\right)$,$f'\left(\dfrac{\pi}{2}\right)$;

(3) $u(x) = \dfrac{x-1}{x+2}$,求 $u'(0)$,$u'(1)$.

3. 曲线 $y = (x^2-1)(x+1)$ 上哪些点处的切线平行于 x 轴?

4. 曲线 $y = \log_2 x$ 上哪一点的切线斜率是 $\dfrac{2}{\ln 2}$?

5. 过点 $A(0,1)$ 引抛物线 $y = 1 - x^2$ 的切线,求此切线的方程.

第三节　复合函数的导数

一、复合函数的求导法则

我们知道由 $y = f(u)$,$u = \varphi(x)$ 所构成的函数 $y = f[\varphi(x)]$ 叫作 x 的复合函数,如 $y = \sin 2x$,$y = \sqrt{x^2+1}$ 等,本节将讨论复合函数的求导法则.

法则　如果函数 $u = \varphi(x)$ 在 x 处可导,$y = f(u)$ 在对应点 u 处可导,则复合函数 $y = f[\varphi(x)]$ 在 x 处可导,且

$$\frac{dy}{dx}=f'(u)\cdot\varphi'(x) \quad \text{或} \quad y'_x=y'_u\cdot u'_x \quad \text{或} \quad \frac{dy}{dx}=\frac{dy}{du}\cdot\frac{du}{dx}. \qquad (2-7)$$

式(2-7)说明,复合函数的导数等于复合函数对中间变量的导数乘以中间变量对自变量的导数.

例1 求 $y=\sin x^3$ 的导数.

解 因为 $y=\sin u, u=x^3$,而 $\frac{dy}{du}=\cos u, \frac{du}{dx}=3x^2$,所以 $\frac{dy}{dx}=\frac{dy}{du}\cdot\frac{du}{dx}=\cos u\cdot 3x^2=3x^2\cos x^3$.

例2 求 $y=\sqrt{2-x^2}$ 的导数.

解 因为 $y=\sqrt{u}, u=2-x^2$,而 $\frac{dy}{du}=\frac{1}{2\sqrt{u}}, \frac{du}{dx}=-2x$,所以 $y'=\frac{dy}{du}\cdot\frac{du}{dx}=\frac{1}{2\sqrt{u}}\cdot(-2x)=-\frac{x}{\sqrt{2-x^2}}$.

复合函数的求导法则可以推广到多个中间变量的情形.

例如,设 $y=f(u), u=\varphi(v), v=\psi(x)$,则复合函数 $y=f\{\varphi[\psi(x)]\}$ 的导数为

$$\frac{dy}{dx}=\frac{dy}{du}\cdot\frac{du}{dv}\cdot\frac{dv}{dx}. \qquad (2-8)$$

例3 求 $y=\ln\cos 2x$ 的导数.

解 因为 $y=\ln u, u=\cos v, v=2x$,而 $\frac{dy}{du}=\frac{1}{u}, \frac{du}{dv}=-\sin v, \frac{dv}{dx}=2$,所以 $y'=\frac{dy}{du}\cdot\frac{du}{dv}\cdot\frac{dv}{dx}=-\frac{2}{u}\cdot\sin v=-\frac{2}{\cos 2x}\cdot\sin 2x=-2\tan 2x$.

在熟练掌握复合函数分解求导的方法后,可以不写分解过程,直接由外向内逐层求导.

例4 求 $y=\sin^2 x+\sin x^2$ 的导数.

解 $y'=(\sin^2 x)'+(\sin x^2)'=2\sin x(\sin x)'+\cos x^2(x^2)'$
$=2\sin x\cos x+2x\cos x^2=\sin 2x+2x\cos x^2$.

例5 已知 $f(x)=e^{\tan x}$,求 $f'(0)$.

解 因为 $f'(x)=e^{\tan x}(\tan x)'=e^{\tan x}\sec^2 x$,所以 $f'(0)=1$.

例6 求 $y=\arctan\frac{1+x}{1-x}$ 的导数.

解 $y'=\dfrac{1}{1+\left(\dfrac{1+x}{1-x}\right)^2}\cdot\left(\dfrac{1+x}{1-x}\right)'$

$=\dfrac{(1-x)^2}{2+2x^2}\cdot\dfrac{(1-x)+(1+x)}{(1-x)^2}=\dfrac{1}{1+x^2}$.

有些复合函数在求导之前,可以先将其化简,然后求导,这样可以简化其求导过程.

例7 求 $y = \ln(1-2x)^3$ 的导数.

解 $y = \ln(1-2x)^3$ 可以化简为 $y = 3\ln(1-2x)$,所以

$$y' = \frac{3}{1-2x} \cdot (1-2x)' = -\frac{6}{1-2x}.$$

二、高阶导数

如果函数 $y = f(x)$ 在 x 处的导数 $f'(x)$ 仍是 x 的函数且可导,就称 $f'(x)$ 的导数为 $f(x)$ 的二阶导数,记作 y'', $f''(x)$, $\dfrac{d^2 y}{dx^2}$.

类似地,称 $f''(x)$ 的导数为 $f(x)$ 的三阶导数,记作 $f'''(x)$, y''', $\dfrac{d^3 y}{dx^3}$.

以此类推,函数 $f(x)$ 的 $n-1$ 阶导数的导数,叫作 $f(x)$ 的 n 阶导数,记作 $y^{(n)}$, $f^{(n)}(x)$, $\dfrac{d^n y}{dx^n}$.

求函数的高阶导数,不需要引进新的公式和法则,只需用一阶导数的公式和法则逐阶求导即可.

例8 已知 $y = e^{-x}$,求 y''.

解 $y' = -e^{-x}$, $y'' = e^{-x}$.

例9 求 $y = x\cos x$ 的二阶导数.

解 $y' = (x)'\cos x + x(\cos x)'$
$= \cos x - x\sin x.$
$y'' = (\cos x - x\sin x)' = (\cos x)' - (x\sin x)'$
$= -\sin x - (\sin x + x\cos x) = -2\sin x - x\cos x.$

例10 求 $y = 5^x$ 的 n 阶导数.

解 $y' = 5^x \ln 5$,
$y'' = (5^x \ln 5)' = (\ln 5)^2 \cdot 5^x$,
$y''' = (\ln 5)^3 \cdot 5^x$,
$\vdots$
$y^{(n)} = (\ln 5)^n \cdot 5^x.$

习题 2-3

A 组

1. 求下列函数的导数:

(1) $y = (2x^2 + 1)^{10}$; (2) $y = \tan\dfrac{1}{x}$;

(3) $y = 2\sin\dfrac{x^2}{2} - \cos x^2$;

(4) $y = \arctan e^x$;

(5) $y = (3x^2 + x - 1)^3$;

(6) $f(x) = \log_2(x^2 + 1)$;

(7) $y = \ln\tan 2x$;

(8) $y = \sqrt[3]{8 - x}$;

(9) $y = 3e^{2x} + 2\cos 3x$;

(10) $y = \sqrt{1 + 2x} + \dfrac{1}{1 + 2x}$;

(11) $y = \ln 3x \cdot \sin 2x$;

(12) $y = \arctan \sqrt{x}$;

(13) $y = e^{\sqrt{x}} + \sqrt{e^x}$;

(14) $s = (t + 1)\cos^2 2t$;

(15) $y = 2^{\sin x} + \sin 2^x$;

(16) $g(x) = \dfrac{x}{2}\sqrt{a^2 - x^2}$ (a 是常数).

2. 求下列函数的二阶导数：

(1) $y = 2x^2 + \ln 2x$;

(2) $y = \dfrac{1}{1 + x}$;

(3) $y = (x + 3)^4$;

(4) $y = e^x \sin x$;

(5) $y = x^{10} + 3x^5 + 2x^3 + \sqrt[3]{7}$;

(6) $y = e^{2x} + x^{2e}$;

(7) $f(x) = \ln(1 - x^2)$;

(8) $f(x) = (1 + x^2)\arctan x$.

3. 求下列函数在指定点处的导数：

(1) $y = \sqrt[3]{4 - 3x}, x = 0, x = 1$;

(2) $y = \ln\tan x, x = \dfrac{\pi}{6}, x = \dfrac{\pi}{4}$;

(3) $y = \ln x^2 + \ln^2 x, x = 2$.

(4) $y = x^2 \sin 2x, x = \dfrac{\pi}{2}, x = \pi$;

(5) $y = e^{\sin 3x}, x = 0, x = \dfrac{\pi}{6}$;

(6) $y = e^{3x} + 3\ln x, x = 1$;

(7) $y = e^x \cos 3x, x = 0, x = \dfrac{\pi}{2}$;

(8) $y = \sqrt{1 + \ln^2 x}, x = e$.

B 组

1. 求下列函数的导数：

(1) $y = \sec(4 - 3x)$;

(2) $y = \sin^2 x^2 - \cos^2 x^2$;

(3) $y = \ln[\ln(\ln^3 x)]$;

(4) $\rho = \cot\dfrac{\varphi}{2} + \csc 3\varphi$;

(5) $y = \ln(\csc x - \cot x)$;

(6) $y = \ln\sqrt{\dfrac{1 + x}{1 - x}}$;

(7) $y = \sin[\cos^2(x^3+x)]$;   (8) $y = \ln(x+\sqrt{1+x^2})$.

2. 求下列函数的 n 阶导数：

(1) $y = a^x (a>0, a\neq 1)$;   (2) $y = e^{kx}$;

(3) $y = \ln x$;   (4) $y = x^n$.

第四节 隐函数的导数和由参数方程所确定的函数的导数

一、隐函数及其导数

用解析法表示函数时，通常可以采用两种形式．一种是把因变量 y 直接表示成自变量 x 的函数 $y = f(x)$，称为**显函数**．例如，函数 $y = \sin 3x, y = e^x - x^2$ 等．另一种是因变量 y 与自变量 x 的对应关系由一个二元方程 $F(x,y) = 0$ 来确定，即 y 与 x 的函数关系隐含在方程中，称这种由方程 $F(x,y) = 0$ 所确定的函数为**隐函数**．例如，由方程 $e^y - xy = 0, x^2 + 2xy - y^2 = 2x$ 等确定的函数称为隐函数．

有些隐函数不能化为显函数，例如 $x^2 + y^2 - e^{xy} = 0, y$ 为 x 的函数，但方程中的 y 无法解出来．下面我们来讨论隐函数的求导方法.

隐函数求导数的方法是：方程两端同时对 x 求导，遇到含有 y 的项，按照复合函数的求导法则，先对 y 求导，再乘以 y 对 x 的导数 y'，得到一个含有 y' 的方程式，然后从中解出 y' 即可.

例1 求由方程 $x^3 + y^3 - 3x^2 y = 0$ 所确定的隐函数的导数 y'.

解 因为 y 是 x 的函数，所以 y^3 是 x 的复合函数．将所给方程等号两边同时对 x 求导，得

$$(x^3)' + (y^3)' - (3x^2 y)' = 0.$$

根据复合函数求导法则和导数的四则运算法则，得

$$3x^2 + 3y^2 y' - 6xy - 3x^2 y' = 0,$$

解出 y'，得

$$y' = \frac{2xy - x^2}{y^2 - x^2}.$$

例2 求由方程 $xy - e^x + e^y = 0$ 所确定的隐函数的导数 y'.

解 因为 y 是 x 的函数，所以 e^y 是 x 的复合函数．方程两端同时对 x 求导，得

$$y + xy' - e^x + e^y y' = 0,$$

解出 y'，得

$$y' = \frac{e^x - y}{x + e^y}.$$

例3 已知方程 $e^{x+y} - xy = 1$，求 $\dfrac{dy}{dx}\bigg|_{\substack{x=0\\y=0}}$.

解 方程两边同时对 x 求导，得

$$e^{x+y}(1+y') - y - xy' = 0,$$

43

解得
$$y' = \frac{y - e^{x+y}}{e^{x+y} - x}.$$

把 $x=0, y=0$ 代入上式，得 $\left.\dfrac{dy}{dx}\right|_{\substack{x=0\\y=0}} = -1$.

例 4 求由方程 $x^2 - y^2 = 1$ 所确定的隐函数的二阶导数 y''.

解 方程两边同时对 x 求导，有
$$2x - 2yy' = 0, \tag{1}$$
解得
$$y' = \frac{x}{y}. \tag{2}$$

式(1)两端同时对 x 求导，得
$$2 - 2(y')^2 - 2yy'' = 0,$$
从上式中解出二阶导数，有
$$y'' = \frac{1 - (y')^2}{y}, \tag{3}$$

将式(2)代入式(3)，整理得
$$y'' = \frac{y^2 - x^2}{y^3} = -\frac{1}{y^3}.$$

二、对数求导法

形如 $y = [f(x)]^{g(x)}$ 的函数称为幂指函数. 直接使用前面介绍的求导公式及法则不能求出幂指函数的导数. 对于这类函数，可以先对等式两边同时取对数，再利用隐函数的求导方法求出 y'. 我们把这种方法称为**对数求导法**.

例 5 求幂指函数 $y = x^x (x > 0)$ 的导数.

解 等式两端取对数，有
$$\ln y = x \ln x,$$
上式两边同时对 x 求导，得
$$\frac{1}{y} y' = \ln x + 1,$$
即
$$y' = y(\ln x + 1) = x^x (\ln x + 1).$$

对于诸如 $y = \dfrac{\sqrt{x+1}(x^4+2)^3}{(x+2)^2}$ 这样含有多个函数连乘积的函数求导数的问题，利用取对数求导法计算也是很简便的.

例 6 设 $y = \sqrt{\dfrac{(x-1)(x-2)}{(x-3)(x-4)}}$，求 y'.

解 等式两端取对数(假定 $x > 4$)，有
$$\ln y = \frac{1}{2}[\ln(x-1) + \ln(x-2) - \ln(x-3) - \ln(x-4)],$$

上式两边同时对 x 求导,得

$$y = \frac{1}{2}\left(\frac{1}{x-1} + \frac{1}{x-2} - \frac{1}{x-3} - \frac{1}{x-4}\right),$$

于是得

$$y' = \frac{1}{2}\sqrt{\frac{(x-1)(x-2)}{(x-3)(x-4)}}\left(\frac{1}{x-1} + \frac{1}{x-2} - \frac{1}{x-3} - \frac{1}{x-4}\right).$$

当 $x<1$ 及 $2<x<3$ 时,可得到同样的结果.

三、由参数方程所确定的函数的导数

一般的,由参数方程 $\begin{cases} x = \varphi(t), \\ y = \psi(t) \end{cases}$ ($t \in T$) 所确定的函数 $y = f(x)$ 的导数公式为

$$y' = \frac{\mathrm{d}y}{\mathrm{d}x} = \frac{\frac{\mathrm{d}y}{\mathrm{d}t}}{\frac{\mathrm{d}x}{\mathrm{d}t}} = \frac{\psi'(t)}{\varphi'(t)} \qquad \left(\frac{\mathrm{d}x}{\mathrm{d}t} \neq 0\right). \tag{2-9}$$

例7 求由参数方程 $\begin{cases} x = 1 + \sin t, \\ y = t\cos t \end{cases}$ 所确定的函数 $y = f(x)$ 的导数 $\frac{\mathrm{d}y}{\mathrm{d}x}$.

解 $y' = \dfrac{\mathrm{d}y}{\mathrm{d}x} = \dfrac{\frac{\mathrm{d}y}{\mathrm{d}t}}{\frac{\mathrm{d}x}{\mathrm{d}t}} = \dfrac{(t\cos t)'}{(1+\sin t)'} = \dfrac{\cos t - t\sin t}{\cos t} = 1 - t\tan t.$

习题 2-4

A 组

1. 求由下列方程所确定的隐函数的导数 y':

(1) $\mathrm{e}^y = xy$;　　　　　(2) $x\mathrm{e}^y - 10 + y^2 = 0$;　　　(3) $x = y + \arctan y$;

(4) $xy = \mathrm{e}^{x+y}$;　　　　(5) $y = \cos(x+y)$;　　　　(6) $y^3 + y^2 = 2x$;

(7) $x - y - \ln y = 1$;　　(8) $xy + \mathrm{e}^{y^2} - x = 0$;　　(9) $y = 1 + x\mathrm{e}^y$;

(10) $\mathrm{e}^{xy} = 2xy$.

2. 利用对数求导法求下列函数的导数 y':

(1) $y = x^{\sin x}$ ($x > 0$);　　　　(2) $y = \left(\dfrac{1}{x}\right)^x$ ($x > 0$).

3. 求曲线 $xy + \ln y = 1$ 在点 $(1,1)$ 处的切线方程.

B 组

1. 求由下列方程所确定的隐函数的二阶导数 y'':

(1) $x^2+y^2=4$; (2) $x^2-xy+y^2-1=0$.

2. 求由下列参数方程所确定的函数的导数 $\dfrac{\mathrm{d}y}{\mathrm{d}x}$.

(1) $\begin{cases} x=t+t^2, \\ y=2t^2-1; \end{cases}$ (2) $\begin{cases} x=\arctan t, \\ y=\ln(1+t^2). \end{cases}$

3. 已知 $x^y=y^x$，求 y'.

第五节　微分及其应用

一、微分的定义

如图 2-3 所示，边长为 x_0 的正方形铁片，受热后边长增加了 Δx，面积相应增加了

$$\Delta s=(x_0+\Delta x)^2-x_0^2=2x_0\Delta x+(\Delta x)^2.$$

在面积增量的表达式中，$2x_0\Delta x$ 决定了增量的主要部分，它是关于 Δx 的线性函数，而 $(\Delta x)^2$ 是当 $\Delta x\to 0$ 时的高阶无穷小量，可以忽略不计. $2x_0\Delta x$ 就可以作为函数增量的近似值，即 $\Delta s\approx 2x_0\Delta x$.

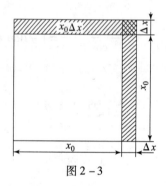

图 2-3

进一步我们看到，$s'(x_0)=2x_0$，则有 $\Delta s\approx s'(x_0)\Delta x$，这个结论具有一般性，也就是说，若函数 $y=f(x)$ 在 x_0 处可导，即 $\lim\limits_{\Delta x\to 0}\dfrac{\Delta y}{\Delta x}=f'(x_0)(f'(x_0)\neq 0)$，根据函数极限与无穷小量的关系，得 $\dfrac{\Delta y}{\Delta x}=f'(x_0)+\alpha$，其中 α 是当 $\Delta x\to 0$ 时的无穷小量. 于是

$$\Delta y=f'(x_0)\Delta x+\alpha\cdot\Delta x.$$

显然，函数的增量可表示为两部分，一部分是关于 Δx 的线性函数 $f'(x_0)\Delta x$，另一部分 $\alpha\cdot\Delta x$ 是当 $\Delta x\to 0$ 时较 Δx 更高阶的无穷小量. 因此，当 $|\Delta x|$ 很小时，可以用 $f'(x_0)\Delta x$ 近似代替 Δy，即

$$\Delta y\approx f'(x_0)\Delta x,$$

并称 $f'(x_0)\Delta x$ 为函数 $f(x)$ 在 x_0 处的微分.

定义 2　设函数 $y=f(x)$ 在 x 处可导，那么 $f'(x)\Delta x$ 就叫作函数 $y=f(x)$ 在 x 处的微

分,记作 dy 或 $df(x)$,即
$$dy = f'(x)\Delta x.$$

若 $y = x$,则 $dy = dx = x'\Delta x = \Delta x$,这就是说,自变量的微分就等于自变量的改变量. 于是函数 $y = f(x)$ 的微分又可以记作
$$dy = f'(x)dx \quad 或 \quad dy = y'dx.$$

显然,
$$f'(x) = \frac{dy}{dx}.$$

从上式我们看到,函数的微分 dy 与自变量的微分 dx 的商就等于该函数的导数,因此,函数的导数也叫作"微商".

例1 求 $y = \ln x + \sin x$ 的微分.

解 $dy = (\ln x + \sin x)'dx = \left(\dfrac{1}{x} + \cos x\right)dx.$

例2 已知 $y = x\sin x$,求 dy.

解 $dy = (x\cos x)'dx = (\cos x - x\sin x)dx.$

二、微分的几何意义

函数 $y = f(x)$ 的图形如 2-4 所示,$M(x_0, y_0)$ 是曲线上一点,MR 是曲线在点 $M(x_0, y_0)$ 处的切线,倾斜角为 α,当自变量 x 有增量 Δx 时,得到曲线上另一点 $N(x_0 + \Delta x, y_0 + \Delta y)$,由图 2-4 知
$$PQ = MQ\tan\alpha = f'(x_0)\Delta x = dy.$$

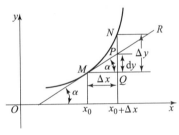

图 2-4

由此可知,微分 $dy = f'(x_0)\Delta x$ 是当自变量 x 有改变量 Δx 时曲线 $y = f(x)$ 在点 (x_0, y_0) 处切线的纵坐标的改变量. 显然,当 $|\Delta x|$ 很小时,$\Delta y \approx dy$,并且 $|\Delta x|$ 越小,近似程度就越好. 从图 2-4 中我们还看到,当 $|\Delta x|$ 很小时,可以用切线段近似地代替曲线段. 这正是高等数学中的一个重要思想"以直代曲",这种思路还将在今后的学习中用到.

三、微分的基本公式及其运算法则

由微分的定义知,函数的可导与可微是等价的,因此只要求出函数的导数,再乘以自变量的微分就可以了. 所以从导数的基本公式和运算法则就可以直接推出微分的公式和法则.

1. 微分的基本公式

(1) $d(C) = 0$ (C 是常数);

(2) $d(x^\alpha) = \alpha x^{\alpha-1} dx$;

(3) $d(\log_a x) = \dfrac{1}{x \ln a} dx$;

(4) $d(\ln x) = \dfrac{1}{x} dx$;

(5) $d(a^x) = a^x \ln a \, dx$;

(6) $d(e^x) = e^x dx$;

(7) $d(\sin x) = \cos x \, dx$;

(8) $d(\cos x) = -\sin x \, dx$;

(9) $d(\tan x) = \sec^2 x \, dx$;

(10) $d(\cot x) = -\csc^2 x \, dx$;

(11) $d(\sec x) = \sec x \cdot \tan x \, dx$;

(12) $d(\csc x) = -\csc x \cdot \cot x \, dx$

(13) $d(\arcsin x) = \dfrac{1}{\sqrt{1-x^2}} dx$;

(14) $d(\arccos x) = -\dfrac{1}{\sqrt{1-x^2}} dx$;

(15) $d(\arctan x) = \dfrac{1}{1+x^2} dx$;

(16) $d(\text{arccot } x) = -\dfrac{1}{1+x^2} dx$.

2. 微分的运算法则

(1) $d(u \pm v) = du \pm dv$;

(2) $d(uv) = u dv + v du$;

(3) $d(Cu) = C du$ (C 是常数);

(4) $d\left(\dfrac{u}{v}\right) = \dfrac{v du - u dv}{v^2}$ ($v \neq 0$).

四、微分形式的不变性

设函数 $y = f(u)$ 在 u 处可微,那么

(1) 若 u 为自变量则函数的微分 $dy = f'(u) du$;

(2) 若 u 是中间变量,$u = \varphi(x)$,且 $\varphi'(x)$ 存在,则复合函数 $y = f[\varphi(x)]$ 的微分是
$$dy = f'(u)\varphi'(x) dx.$$
由于 $du = \varphi'(x) dx$,所以 $dy = f'(u) du$.

比较 (1)(2) 知,无论 u 是自变量还是中间变量,函数 $y = f(u)$ 的微分形式总可以表示为 $dy = f'(u) du$. 这一性质称为微分形式的不变性. 利用微分形式的不变性求复合函数的微分是比较方便的.

例 3 求函数 $y = \sin e^x$ 的微分.

解 令 $u = e^x$,则
$$dy = d(\sin u) = (\sin u)' du = \cos u \, du = \cos e^x \, de^x = e^x \cos e^x \, dx.$$
运算比较熟练后,可不写中间变量.

例 4 填空:

(1) $d\ln(ax+b) = \underline{\quad\quad} d(ax+b) = \underline{\quad\quad} dx$ ($ax+b \neq 0$);

(2) $d\sin \dfrac{x}{2} = \underline{\quad\quad} d\dfrac{x}{2}$;

(3) $de^{\tan 2x} = \underline{\quad\quad} d\tan 2x = \underline{\quad\quad} d(2x)$.

解 (1) $d\ln(ax+b) = \dfrac{1}{ax+b} d(ax+b) = \dfrac{a}{ax+b} dx$ ($ax+b \neq 0$);

(2) $d\sin\dfrac{x}{2} = \cos\dfrac{x}{2} d\dfrac{x}{2}$;

(3) $de^{\tan 2x} = e^{\tan 2x} d\tan 2x = e^{\tan 2x}\sec^2 2x d(2x)$.

五、微分在近似计算中的应用

由于微分是函数改变量的主要部分,同时又容易计算,因此在近似计算中,经常利用微分作为函数增量的近似值.

从微分的定义知,如果 $y = f(x)$ 在点 x_0 处的导数 $f'(x_0) \neq 0$,且 $|\Delta x|$ 很小时,可以做如下的近似计算:

(1) 利用微分计算函数增量的近似值:
$$\Delta y \approx dy = f'(x_0)\Delta x; \quad (2-10)$$

(2) 利用微分计算函数在一点附近的值
$$f(x_0 + \Delta x) \approx f(x_0) + dy. \quad (2-11)$$

例 5 半径为 10 cm 的金属圆片加热后,其半径伸长了 0.05 cm,问面积约增大了多少?

解 设面积为 S,半径为 r,则 $S = \pi r^2$,取 $r_0 = 10$,$\Delta r = 0.05$ cm,由式(2-10),得
$$\Delta S \approx dS = 2\pi \cdot r dr = 2\pi \times 10 \times 0.05 = \pi \ (\text{cm}^2).$$

例 6 计算 $\sqrt[3]{8.02}$ 的近似值.

解 设 $f(x) = \sqrt[3]{x}$,则 $f'(x) = \dfrac{1}{3}x^{-\frac{2}{3}}$,取 $x_0 = 8$,$\Delta x = 0.02$,由式(2-11),得

$$f(x_0 + \Delta x) = f(8+0.2) = \sqrt[3]{8.02} \approx f(x_0) + dy = \sqrt[3]{8} + \dfrac{1}{3}\times 8^{-\frac{2}{3}} \times 0.02 = 2.001\ 7.$$

以下几个近似公式在工程上常用:

(1) $\sqrt[n]{1+x} \approx 1 + \dfrac{x}{n}$;

(2) $e^x \approx 1 + x$;

(3) $\sin x \approx x$;

(4) $\tan x \approx x$;

(5) $\ln(1+x) \approx x$.

以上公式均假定 $|x|$ 很小.

习题 2-5

A 组

1. 设 x 的值从 $x = 1$ 变到 $x = 1.01$,试求函数 $y = 2x^2 - x$ 的增量和微分.

2. 求函数 $y = \arctan\sqrt{x}$ 当 $x = 1$, $\Delta x = 0.2$ 时的微分.

3. 求下列函数的微分：

(1) $y = \dfrac{1}{x} + \sqrt{x}$; (2) $y = (x^2 - x + 1)^3$;

(3) $y = \cos 3x$; (4) $y = \ln(1 + 2x^2)$;

(5) $y = x\sin 2x$; (6) $y = e^x + e^{-x}$;

(7) $y = e^{\cos 2x}$; (8) $y = x^2 + 2^x$;

(9) $y = \tan^2 x$; (10) $y = \arcsin\sqrt{x}$.

B 组

1. 计算下列各函数的近似值：

(1) $\sin 30.5°$; (2) $\ln 0.98$; (3) $e^{1.01}$;

(4) $\sqrt[5]{1.03}$; (5) $\sqrt{1.05}$; (6) $\arctan 1.02$.

2. 水管壁的正截面是一个圆环, 它的内半径为 R_0, 壁厚为 h, 利用微分来计算这个圆环面积的近似值.

3. 篮球的内半径为 R, 球皮厚 d, 利用微分来计算这个篮球球皮体积的近似值.

自测题二

1. 填空题：

(1) 设 $f(x) = \arctan x$, 则 $f'(0)$ _____.

(2) 如果 $f(x)$ 在 x_0 处可导, 则 $\lim\limits_{\Delta x \to 0} \dfrac{f(x_0 + 3\Delta x) - f(x_0)}{\Delta x} = $ _____.

(3) 曲线 $y = e^x$, 在 $x = 0$ 处的切线斜率是 _____, 切线方程是 _____.

(4) 已知 $y = \ln(1 + x)$, 则 $y' = $ _____, $y''|_{x=0} = $ _____.

(5) 若 $f(x) = a_n x^n + a_{n-1} x^{n-1} + a_{n-2} x^{n-2} + \cdots + a_1 x + a_0$, 则 $[f(0)]' = $ _____, $f'(0) = $ _____.

(6) 已知 $y = e^{\cos x}$, 则 $y' = $ _____, $y'|_{x=\frac{\pi}{2}} = $ _____.

(7) 已知 $y = x^2 \ln x$, 则 $y'' = $ _____.

(8) 已知 $\begin{cases} x = 2 + t^2 \\ y = 2t \end{cases}$, 则 $\dfrac{dy}{dx} = $ _____.

(9) 若 $y = \dfrac{1}{x^2}$, 则 $dy = $ _____.

(10) 已知 $y = \ln(1 + x^2)$, 则 $dy = $ _____ $d(1 + x^2) = $ _____ dx.

2. 单项选择题：

(1)曲线 $y=x^4$ 在 $x=1$ 处的切线斜率是( ).

A. 1　　　　　　B. $\dfrac{1}{2}$　　　　　　C. $\dfrac{1}{4}$　　　　　　D. 4

(2)若 $\lim\limits_{\Delta x \to 0}\dfrac{f(x_0+k\Delta x)-f(x_0)}{\Delta x}=\dfrac{1}{5}f'(x_0)$,则 $k=$( ).

A. 1　　　　　　B. 5　　　　　　C. $\dfrac{1}{5}$　　　　　　D. 任意实数

(3)已知 $f(x)=\ln x^3+\mathrm{e}^{3x}$,则 $f'(1)=$( ).

A. 0　　　　　　B. e^3　　　　　　C. $3+3\mathrm{e}^3$　　　　　　D. $3\mathrm{e}^3$

(4)设 $f(x)=\sin\dfrac{1}{x}$,则 $f'\left(\dfrac{1}{\pi}\right)=$( ).

A. 1　　　　　　B. -1　　　　　　C. π^2　　　　　　D. $-\pi^2$

(5)若 $y=3^{\cos x}$,则 $y'=$( ).

A. $3^{\cos x}\ln 3$　　B. $3^{\cos x}\sin x\ln 3$　　C. $-3^{\cos x}\sin x\ln 3$　　D. $3^{\cos x-1}\sin x$

(6)下列等式成立的是( ).

A. $\left(\dfrac{1}{x}\right)'=\ln x$　　　　　　　　B. $(\ln x)'=\dfrac{1}{x^2}$

C. $\mathrm{d}(\sqrt{x})=\dfrac{1}{2\sqrt{x}}$　　　　　　　　D. $\mathrm{d}\left(\dfrac{1}{x}\right)=-\dfrac{1}{x^2}\mathrm{d}x$

(7)若 $y=\mathrm{e}^{-x}$,则 $y''=$( ).

A. e^{-x}　　　　　　B. $-\mathrm{e}^{-x}$　　　　　　C. e^x　　　　　　D. $-\mathrm{e}^x$

(8)若 $y=\sin x$,则 $y^{(10)}=$( ).

A. $\sin x$　　　　　B. $-\sin x$　　　　　C. $\cos x$　　　　　D. $-\cos x$

(9)已知 $y=\tan \mathrm{e}^x$,则 $y'=$( ).

A. $\sec^2 \mathrm{e}^x$　　　B. $\csc^2 \mathrm{e}^x$　　　C. $\sec^2 x$　　　D. $\mathrm{e}^x\sec^2 \mathrm{e}^x$

(10) $y=f(\sin x)$,则 $y'=$( ).

A. $f'(\sin x)$　　B. $f'(\sin x)\cos x$　　C. $\cos x$　　D. $f'(\cos x)$

3. 求下列函数的导数 y':

(1) $y=\mathrm{e}^{2x}+x^{2\mathrm{e}}$;　　　　　　(2) $y=\ln\cos x$;

(3) $y=x^2\tan\dfrac{1}{x}$;　　　　　　(4) $y=\sqrt{1+x^2}$;

(5) $xy+3x^2-5y-7=0$;　　　　　(6) $\mathrm{e}^{x+y}+x+y^2=1$.

4. 求下列导数的值:

(1)已知 $y=2x^2+\ln x$,求 $y''|_{x=1}$;　　(2)已知 $y=\ln(1+2x)$,求 $y''|_{x=0}$.

5. 已知 $f(x)$ 是奇函数,证明 $f'(x)$ 是偶函数.

阅读材料二

拉格朗日简介

约瑟夫·拉格朗日(Joseph Lagrange,1736 年 1 月 25 日—1813 年 4 月 11 日),法国籍意大利裔数学家和天文学家.拉格朗日曾在柏林为普鲁士腓特烈大帝工作了 20 年,被腓特烈大帝称作"欧洲最伟大的数学家",后受法国国王路易十六的邀请定居巴黎直至去世.拉格朗日一生才华横溢,在数学、力学和天文学三个学科中都有重大历史性的贡献,但他主要是数学家,研究力学和天文学的目的是表明数学分析的威力.他的全部著作、论文、学术报告等超过 500 篇.1813 年 4 月 3 日,拿破仑授予他帝国大十字勋章,但此时的拉格朗日已卧床不起,4 月 11 日早晨,拉格朗日逝世.

拉格朗日的学术生涯主要是在 18 世纪后半期.当时数学、物理学和天文学是自然科学主体,数学的主流是由微积分发展起来的数学分析,以欧洲大陆为中心;物理学的主流是力学;天文学的主流是天体力学.数学分析的发展使力学和天体力学深化,而力学和天体力学的课题又成为数学分析发展的动力,当时的自然科学代表人物都在此三个学科做出了重大贡献.

在柏林工作的前十年,拉格朗日把大量时间花在研究代数方程和超越方程的解法上,并做出了有价值的贡献,推动了代数学的发展.他提交给柏林科学院两篇著名的论文——《关于解数值方程》和《关于方程的代数解法的研究》,把前人解三、四次代数方程的各种解法总结为一套标准方法,即把方程化拉格朗日点为低一次的方程(称辅助方程或预解式)以求解.

他试图寻找五次方程的预解函数,希望这个函数是低于五次的方程的解,但未获得成功.然而,他的思想已蕴含着置换群概念,对后来阿贝尔和伽罗瓦起到启发性作用,最终解决了高于四次的一般方程为何不能用代数方法求解的问题.因而也可以说拉格朗日是群论的先驱.

在数论方面,拉格朗日也显示出非凡的才能.他对费马提出的许多问题作出了解答,例如,一个正整数是不多于四个平方数的和的问题,等等,他还证明了圆周率的无理性.约瑟夫·拉格朗日的研究成果丰富了数论的内容.

在《解析函数论》以及他早在 1772 年的一篇论文中,在为微积分奠定理论基础方面作了独特的尝试,他企图把微分运算归结为代数运算,从而抛弃自牛顿以来一直令人困惑的无穷小量,并想由此出发建立全部分析学.但是由于他没有考虑到无穷级数的收敛性问题,他自以为摆脱了极限概念,其实只是回避了极限概念,并没有达到他想使微积分代数化、严密化的目的.不过,他用幂级数表示函数的处理方法对分析学的发展产生了影响,成为实变函数论的起点.

拉格朗日是分析力学的创立者.拉格朗日在其名著《分析力学》中,在总结历史上各种力学基本原理的基础上,发展达朗贝尔、欧拉等人的研究成果,引入了势和等势面的概念,进一步把数学分析应用于质点和刚体力学,提出了运用于静力学和动力学的普遍方程,引进广义坐标的概念,建立了拉格朗日方程,把力学体系的运动方程从以力为基本概念的牛顿形式,改变为以能量为基本概念的分析力学形式,奠定了分析力学的基础,为把力学理论推广应用到物理学其他领域开辟了道路.

拉格朗日也是天体力学的奠基人.他利用分析力学中的原理建立起各类天体的运动方程,特别是根据他在微分方程解法的任意常数变易法,建立了以天体椭圆轨道根数为基本变量的运动方程,现在仍称作拉格朗日行星运动方程,并被广泛应用.在天体运动方程解法中,拉格朗日的重大历史性贡献是发现三体问题运动方程的五个特解,即拉格朗日平动解.

总之,拉格朗日是18世纪的伟大科学家,在数学、力学和天文学等领域做出了很多重大的贡献,其中尤以数学方面的成就最为突出.他最突出的贡献是把数学分析的基础脱离几何与力学,使数学的独立性更为清楚,而不仅仅是其他学科的工具.同时在天文学力学化、力学分析化上也起了历史性作用,促使力学和天文学(天体力学)更深入的发展.

第三章 导数的应用

本章中,我们将应用导数来研究函数以及曲线的某些性态,并利用这些知识解决一些常见的实际应用问题. 为此,先要介绍微分学的几个中值定理,它们是导数应用的理论基础.

第一节 微分中值定理

一、罗尔定理

罗尔定理 若函数 $f(x)$ 满足下列条件:

(1) 在闭区间 $[a,b]$ 上连续,

(2) 在开区间 (a,b) 内可导,

(3) $f(a)=f(b)$,

则在 (a,b) 内至少存在一点 ξ,使 $f'(\xi)=0$.

(证明略.)

几何意义 在闭区间 $[a,b]$ 上有连续曲线 $y=f(x)$,曲线上每一点都存在切线,在闭区间 $[a,b]$ 的两个端点 a 与 b 的函数值相等,即 $f(a)=f(b)$,则曲线上至少有一点,过该点的切线平行于 x 轴,如图 3-1 所示.

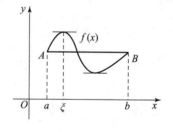

图 3-1

例 1 验证函数 $f(x)=x^2+x$ 在区间 $[-1,0]$ 上满足罗尔定理,并求 ξ.

证明 函数 $f(x)$ 在 $[-1,0]$ 上连续,在 $(-1,0)$ 内可导,且 $f(-1)=f(0)=0$,因此满足罗尔定理的三个条件.

又 $f'(x)=2x+1$, 即 $f'(\xi)=2\xi+1=0$,得

$$\xi=-\frac{1}{2}\in(-1,0).$$

二、拉格朗日中值定理

拉格朗日中值定理 若函数 $f(x)$ 满足下列条件:

(1) 在闭区间 $[a,b]$ 上连续,

(2) 在开区间 (a,b) 内可导,

则在(a,b)内至少存在一点ξ,使$f'(\xi)=\dfrac{f(b)-f(a)}{b-a}$.

(证明略.)

几何意义 在闭区间$[a,b]$上有连续曲线$y=f(x)$,曲线上每一点都存在切线,则曲线上至少有一点,过该点的切线平行于割线AB,如图3-2所示.

拉格朗日中值定理是微分学最重要的定理之一,也称微分中值定理. 当AB为水平弦时,就是罗尔定理所描述的情况,因此,罗尔定理是拉格朗日中值定理的特殊情形.

例2 证明当$0<a<b$时,不等式$\dfrac{b-a}{1+b^2}<\arctan b-\arctan a<\dfrac{b-a}{1+a^2}$成立.

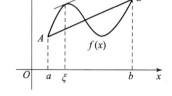

图3-2

证明 函数$\arctan x$在$[a,b]$满足拉格朗日中值定理的条件,因此在(a,b)内至少存在一点ξ,使$(\arctan x)'\big|_{x=\xi}=\dfrac{\arctan b-\arctan a}{b-a}$.

即 $$\dfrac{b-a}{1+\xi^2}=\arctan b-\arctan a,\quad a<\xi<b.$$

而 $$\dfrac{b-a}{1+b^2}<\dfrac{b-a}{1+\xi^2}<\dfrac{b-a}{1+a^2},$$

有 $$\dfrac{b-a}{1+b^2}<\arctan b-\arctan a<\dfrac{b-a}{1+a^2}.$$

例3 证明当$x>0$时,$\dfrac{x}{1+x}<\ln(1+x)<x$.

证明 设$f(x)=\ln(1+x)$,显然$f(x)$在区间$[0,x]$上满足拉格朗日中值定理的条件,根据定理,应有
$$f(x)-f(0)=f'(\xi)(x-0),\quad 0<\xi<x.$$

由于$f(0)=0$,$f'(x)=\dfrac{1}{1+x}$,因此上式即
$$\ln(1+x)=\dfrac{x}{1+\xi}.$$

又由$0<\xi<x$,有
$$\dfrac{x}{1+x}<\dfrac{x}{1+\xi}<x,$$

即
$$\dfrac{x}{1+x}<\ln(1+x)=x,\quad x>0.$$

三、柯西中值定理

柯西中值定理 若函数$f(x)$与$g(x)$满足下列条件:

(1)在闭区间$[a,b]$上连续,

(2)在开区间(a,b)内可导,且对于任意$x \in (a,b)$,有$g'(x) \neq 0$,

则在(a,b)内至少存在一点ξ,使$\dfrac{f'(\xi)}{g'(\xi)} = \dfrac{f(b)-f(a)}{g(b)-g(a)}$,

(证明略.)

习题 3-1

A 组

1. 检验下列函数在给定区间上是否满足罗尔定理的所有条件,若满足就求出定理中的数值 ξ.

(1) $f(x) = 2x^2 - x - 3, x \in [-1, 1.5]$;　　(2) $f(x) = \dfrac{3}{3x^2 + 1}, x \in [-1, 1]$;

(3) $f(x) = x\sqrt{3-x}, x \in [0, 3]$;　　(4) $f(x) = e^{x^2} - 1, x \in [-1, 1]$;

(5) $f(x) = 1 - \sqrt[3]{x^2}, x \in [-1, 1]$;　　(6) $f(x) = |x|, x \in [-a, a] (a > 0)$.

2. 检验下列函数在给定区间上是否满足拉格朗日中值定理的所有条件,若满足就写出形如 $\dfrac{f(b)-f(a)}{b-a} = f'(\xi)$ 的拉格朗日中值公式,并求出定理中的数值 ξ.

(1) $f(x) = 2x^3, x \in [-1, 1]$;　　(2) $f(x) = \dfrac{1}{x}, x \in [1, 2]$;

(3) $f(x) = \ln x, x \in [1, e]$;　　(4) $f(x) = \arctan x, x \in [0, 1]$;

(5) $f(x) = x^3 - 5x^2 + x - 2, x \in [-1, 0]$.

3. 试用拉格朗日中值公式证明下列不等式:

(1) $|\sin x_2 - \sin x_1| \leq |x_2 - x_1|$;　　(2) $|\arctan x_2 - \arctan x_1| \leq |x_2 - x_1|$;

(3) $\dfrac{x}{1+x} < \ln(1+x) < x, (x > 0)$.

B 组

1. 说明为什么函数 $f(x) = x^2$ 和 $g(x) = x^3$ 在区间 $[-1, 1]$ 上不能应用柯西中值定理.

2. 函数 $f(x) = x^3$ 和 $g(x) = x^2 + 1$ 在区间 $[1, 2]$ 上是否满足柯西中值定理的所有条件?如果满足就求出定理中的数值 ξ.

3. 利用拉格朗日中值定理证明 $\arcsin x + \arccos x = \dfrac{\pi}{2} (-1 \leq x \leq 1)$.

4. 试证方程 $x^3 - 3x^2 + c = 0$ 在区间 $(0, 1)$ 内不可能有两个不同的实根.

5. 证明:若 $f(x)$ 在 $[a, b]$ 上二次可导,且 $f(a) = f(b) = 0, f(c) = 0, a < c < b$,则在 (a, b) 内至少存在一点 ξ,使得 $f''(\xi) = 0$.

6. 设 $f(x)$ 在 $[0,1]$ 上连续,在 $(0,1)$ 内可微,且 $f(0) = f(1) = 0$,$f\left(\dfrac{1}{2}\right) = 1$,证明:存在 $\xi \in (0,1)$,使得 $f'(\xi) = 1$.

7. 若 $f(x)$ 可微,且 $f'(x) = f(x)$,$f(0) = 1$,求证:$f(x) = \mathrm{e}^x$.

第二节　洛必达法则

洛必达法则是一个以导数为工具求一些未定式极限的法则.

一、$\dfrac{0}{0}$ 型未定式

法则 I　如果函数 $f(x)$,$g(x)$ 满足下列条件:

(1) $\lim\limits_{x \to x_0} f(x) = 0$,$\lim\limits_{x \to x_0} g(x) = 0$,

(2) 在 $\overset{\circ}{U}(x_0,\delta)$ 内 $f'(x)$,$g'(x)$ 存在,且 $g'(x) \neq 0$,

(3) $\lim\limits_{x \to x_0} \dfrac{f'(x)}{g'(x)} = A$(或 ∞),

则有 $\lim\limits_{x \to x_0} \dfrac{f(x)}{g(x)} = \lim\limits_{x \to x_0} \dfrac{f'(x)}{g'(x)} = A$(或 ∞).

例 1　求 $\lim\limits_{x \to 0} \dfrac{1 - \cos x}{x^2}$.

解　这是 $\dfrac{0}{0}$ 型,用法则 I.

$$\lim_{x \to 0} \dfrac{1 - \cos x}{x^2} = \lim_{x \to 0} \dfrac{\sin x}{2x} = \dfrac{1}{2}.$$

例 2　求 $\lim\limits_{x \to 0} \dfrac{\mathrm{e}^x - 1}{3x}$.

解　$\lim\limits_{x \to 0} \dfrac{\mathrm{e}^x - 1}{3x} = \lim\limits_{x \to 0} \dfrac{\mathrm{e}^x}{3} = \dfrac{1}{3}.$

例 3　求 $\lim\limits_{x \to 5} \dfrac{x^2 - 7x + 10}{x^2 - 25}$.

解　$\lim\limits_{x \to 5} \dfrac{x^2 - 7x + 10}{x^2 - 25} = \lim\limits_{x \to 5} \dfrac{2x - 7}{2x} = \dfrac{3}{10}.$

如果 $\lim\limits_{x \to x_0} \dfrac{f'(x)}{g'(x)}$ 仍是 $\dfrac{0}{0}$ 型未定式,且 $f'(x)$,$g'(x)$ 仍满足洛必达法则的条件,则可连续使用洛必达法则,即

$$\lim_{x \to x_0} \dfrac{f'(x)}{g'(x)} = \lim_{x \to x_0} \dfrac{f''(x)}{g''(x)} = \cdots = \lim_{x \to x_0} \dfrac{f^{(n)}(x)}{g^{(n)}(x)}.$$

例 4 求 $\lim\limits_{x\to 0}\dfrac{e^x - e^{-x} - 2x}{x - \sin x}$.

解 $\lim\limits_{x\to 0}\dfrac{e^x - e^{-x} - 2x}{x - \sin x} = \lim\limits_{x\to 0}\dfrac{e^x + e^{-x} - 2}{1 - \cos x} = \lim\limits_{x\to 0}\dfrac{e^x - e^{-x}}{\sin x} = \lim\limits_{x\to 0}\dfrac{e^x + e^{-x}}{\cos x} = 2.$

当 $x \to \infty$ 时,对于 $\dfrac{0}{0}$ 型未定式,法则 I 同样有效.

二、$\dfrac{\infty}{\infty}$ 型未定式

法则 II 如果函数 $f(x), g(x)$ 满足下列条件:

(1) $\lim\limits_{x\to x_0} f(x) = \infty, \lim\limits_{x\to x_0} g(x) = \infty,$

(2) 在 $\mathring{U}(x_0, \delta)$ 内 $f'(x), g'(x)$ 存在,且 $g'(x) \neq 0$,

(3) $\lim\limits_{x\to x_0}\dfrac{f'(x)}{g'(x)} = A ($ 或 $\infty),$

则有
$$\lim\limits_{x\leftarrow x_0}\dfrac{f(x)}{g(x)} = \lim\limits_{x\to x_0}\dfrac{f'(x)}{g'(x)} = A\ (\text{或}\infty).$$

当 $x \to \infty$ 时,对于 $\dfrac{\infty}{\infty}$ 型未定式,法则 II 同样有效.

例 5 求 $\lim\limits_{x\to 0^+}\dfrac{\ln x}{\ln \sin x}$.

解 $\lim\limits_{x\to 0^+}\dfrac{\ln x}{\ln \sin x} = \lim\limits_{x\to 0^+}\dfrac{\dfrac{1}{x}}{\dfrac{1}{\sin x}\cos x} = \lim\limits_{x\to 0^+}\dfrac{\sin x}{x \cos x} = \lim\limits_{x\to 0^+}\dfrac{\cos x}{\cos x - x\sin x} = 1.$

例 6 求 $\lim\limits_{x\to +\infty}\dfrac{\ln x}{x^2}$.

解 $\lim\limits_{x\to +\infty}\dfrac{\ln x}{x^2} = \lim\limits_{x\to +\infty}\dfrac{\dfrac{1}{x}}{2x} = \lim\limits_{x\to +\infty}\dfrac{1}{2x^2} = 0.$

例 7 求 $\lim\limits_{x\to +\infty}\dfrac{e^x}{2x}$.

解 $\lim\limits_{x\to +\infty}\dfrac{e^x}{2x} = \lim\limits_{x\to +\infty}\dfrac{e^x}{2} = +\infty.$

利用洛必达法则还可以解决如 $\infty - \infty, 0 \cdot \infty, 0^0, 1^\infty, \infty^0$ 型未定式的极限问题,它们都可以化为 $\dfrac{0}{0}$ 型和 $\dfrac{\infty}{\infty}$ 型未定式后使用洛必达法则.

使用洛必达法则时要注意下面两个问题:

(1) 法则仅可以直接使用于 $\dfrac{0}{0}$ 型和 $\dfrac{\infty}{\infty}$ 型的未定式,其他形式的未定式均要化为 $\dfrac{0}{0}$ 型

和 $\frac{\infty}{\infty}$ 型后才可以使用洛必达法则,并且使用一次就要整理(化简和排除非未定式)、判断(是否可以继续使用).

(2)在使用洛必达法则失效时,要采用其他方法进行计算.

例如 求 $\lim\limits_{x\to 0}\dfrac{x^2\sin\dfrac{1}{x}}{\sin x}$.

解 这是 $\dfrac{0}{0}$ 型未定式,用法则 I.

$$\lim_{x\to 0}\frac{x^2\sin\dfrac{1}{x}}{\sin x}=\lim_{x\to 0}\frac{2x\sin\dfrac{1}{x}+x^2\cos\dfrac{1}{x}\left(-\dfrac{1}{x^2}\right)}{\cos x}=\lim_{x\to 0}\frac{2x\sin\dfrac{1}{x}-\cos\dfrac{1}{x}}{\cos x}.$$

而 $\cos\dfrac{1}{x}$ 当 $x\to 0$ 时振荡无极限,所以洛必达法则失效.使用其他方法

$$\lim_{x\to 0}\frac{x^2\sin\dfrac{1}{x}}{\sin x}=\lim_{x\to 0}\frac{x}{\sin x}x\sin\dfrac{1}{x}=1\cdot 0=0.$$

习题 3-2

A 组

1.用洛必达法则求下列极限:

(1) $\lim\limits_{x\to 0}\dfrac{\sin ax}{\tan bx}$;　　(2) $\lim\limits_{x\to\infty}\dfrac{4x^2-x^3-3}{x^3+x-2}$;　　(3) $\lim\limits_{x\to +\infty}\dfrac{\ln x}{x}$;

(4) $\lim\limits_{x\to +\infty}\dfrac{\ln(1+e^x)}{e^x}$;　　(5) $\lim\limits_{x\to a}\dfrac{x^m-a^m}{x^n-a^n}$;　　(6) $\lim\limits_{x\to 0}\dfrac{x-\sin x}{x^2}$;

(7) $\lim\limits_{x\to\frac{\pi}{2}}\dfrac{\ln\sin x}{(\pi-2x)^2}$;　　(8) $\lim\limits_{x\to 0}\dfrac{e^x\cos x-1}{\sin 2x}$;　　(9) $\lim\limits_{x\to 0}\dfrac{x-\arctan x}{x^3}$;

(10) $\lim\limits_{x\to +\infty}\dfrac{x^3}{e^x}$;　　(11) $\lim\limits_{x\to +\infty}\dfrac{x^2+\ln x}{x\ln x}$;　　(12) $\lim\limits_{x\to +\infty}\dfrac{\ln\left(1+\dfrac{1}{x}\right)}{\operatorname{arccot} x}$.

2.设函数 $f(x)$ 二次可微,且 $f(0)=0,f'(0)=1,f''(0)=2$,试求 $\lim\limits_{x\to 0}\dfrac{f(x)-x}{x^2}$.

B 组

1.下列极限是否存在?是否可用洛必达法则求极限?为什么?

(1) $\lim\limits_{x\to +\infty}\dfrac{e^x+e^{-x}}{e^x-e^{-x}}$;　　(2) $\lim\limits_{x\to\infty}\dfrac{x+\sin x}{x}$;　　(3) $\lim\limits_{x\to 0}\dfrac{e^x-\cos x}{x\sin x}$.

2.求下列极限:

$(1)\lim\limits_{x\to 0}\left(\dfrac{1}{\sin^2 x}-\dfrac{1}{x^2}\right)$; $(2)\lim\limits_{x\to 0^+}\dfrac{x-\arcsin x}{\sin^3 x}$; $(3)\lim\limits_{x\to 0^+}x^{\sin x}$; $(4)\lim\limits_{x\to 0^+}\left(\dfrac{1}{x}\right)^{\tan x}$.

第三节 函数的单调性与极值

一、函数的单调性

利用定义判定函数的单调性是比较困难的,本节我们运用导数来研究函数的单调性与极值.

如果可导函数 $y=f(x)$ 在 (a,b) 内单调递增,那么在 (a,b) 内,曲线 $y=f(x)$ 上每一点的切线斜率都是非负的,即 $f'(x)\geqslant 0$,此时切线与 x 轴的夹角是锐角(见图 3 – 3);如果可导函数 $y=f(x)$ 是单调递减的,那么在 (a,b) 内,曲线 $y=f(x)$ 上每一点的切线斜率都是非正的,即 $f'(x)\leqslant 0$,此时切线与 x 轴的夹角是钝角(见图 3 – 4),这说明曲线在区间内的单调性可以用导数的符号来判定.

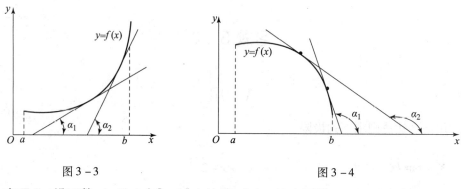

图 3 – 3 图 3 – 4

定理 1 设函数 $y=f(x)$ 在 $[a,b]$ 上连续,在 (a,b) 内可导,

(1)如果 $x\in(a,b)$ 时,$f'(x)>0$,则函数 $f(x)$ 在 (a,b) 内单调增加;

(2)如果 $x\in(a,b)$ 时,$f'(x)<0$,则函数 $f(x)$ 在 (a,b) 内单调减少.

(证明略.)

求函数的单调区间步骤如下:

(1)确定函数的定义域;

(2)求函数的一阶导数 $f'(x)$,并令 $f'(x)=0$,求根;

(3)利用根将函数的定义域由小到大分成若干个小区间,并讨论每个小区间上 $f'(x)$ 的符号,确定单调区间.

例 1 确定函数 $f(x)=3x-x^3$ 的单调区间.

解 函数 $f(x)=3x-x^3$ 的定义域是 $(-\infty,+\infty)$,
$$f'(x)=3-3x^2=3(1-x)(1+x).$$

令 $f'(x)=0$,得 $x=\pm 1$,可将定义域分成三个小区间,现列表讨论如下:

x	$(-\infty,-1)$	-1	$(-1,1)$	1	$(1,+\infty)$
$f'(x)$	$-$	0	$+$	0	$-$
$f(x)$	↘		↗		↘

所以函数的单调递增区间是$(-1,1)$,单调递减区间是$(-\infty,-1)\cup(1,+\infty)$.

例 2 求函数$f(x)=x^3-3x^2-9x+1$的单调区间.

解 函数$f(x)=x^3-3x^2-9x+1$的定义域是$(-\infty,+\infty)$,
$$f'(x)=3x^2-6x-9=3(x-3)(x+1).$$

令$f'(x)=0$,得$x=-1$和$x=3$,列表讨论如下:

x	$(-\infty,-1)$	-1	$(-1,3)$	3	$(3,+\infty)$
$f'(x)$	$+$	0	$-$	0	$+$
$f(x)$	↗		↘		↗

所以函数的单调递增区间是$(-\infty,-1)\cup(3,+\infty)$,单调递减区间是$(-1,3)$.

例 3 判定函数$f(x)=\sqrt[3]{x^2}$的单调性.

解 函数的定义域是$(-\infty,+\infty)$,
$$f'(x)=\frac{2}{3\sqrt[3]{x}}.$$

函数有一个不可导的点$x=0$,在$(-\infty,0)$内$f'(x)<0$,函数单调减少;在$(0,+\infty)$内,$f'(x)>0$,函数单调增加. 从这个例题我们知道,使得函数不可导的点也可能是单调区间的分界点.

二、函数的极值

关于函数的极值我们要讨论三个问题:

(1)极值的定义;

(2)极值的存在性;

(3)极值的判定.

定义 1 设函数$f(x)$在区间(a,b)内有定义,$x_0\in(a,b)$.

(1)若对于(a,b)内的每一个点$x(x\neq x_0)$,都有$f(x)<f(x_0)$,则称$f(x_0)$为函数$f(x)$的极大值,称x_0为函数$f(x)$的极大值点.

(2)若对于(a,b)内的每一个点$x(x\neq x_0)$,都有$f(x)>f(x_0)$,则称$f(x_0)$为函数$f(x)$的极小值,称x_0为函数$f(x)$的极小值点.

极大值与极小值统称为极值,极大值点和极小值点统称为极值点.

函数的极值是一个局部性的概念,如果说$f(x_0)$是极大值(或极小值),仅仅是与x_0

附近的值相比,但在整个区间上未必是最大值(或最小值).

现在我们来讨论函数极值的存在性.

定理 2 (极值存在的必要条件)如果函数$f(x)$在点x_0处可导,且在x_0处取得极值,则$f'(x_0)=0$.

(证明略.)

使$f'(x)=0$的根叫作函数的驻点,可导函数的极值点一定是驻点,但驻点未必是极值点.

另外,函数不可导的点也可能是极值点,例如$f(x)=|x|$,在$x=0$处不可导,但在$x=0$处函数有极小值$f(0)=0$.这就是说,函数的极值点可能是驻点或不可导的点.在这些点处函数取得的是极大值还是极小值还需要进一步来判断.

定理 3 (极值的第一充分条件)设函数$f(x)$在$U(x_0,\delta)$内连续且在$\mathring{U}(x_0,\delta)$内可导.

(1)如果在$(x_0-\delta,x_0)$内有$f'(x)>0$,在$(x_0,x_0+\delta)$内有$f'(x)<0$,则$f(x_0)$是$f(x)$的极大值.

(2)如果在$(x_0-\delta,x_0)$内有$f'(x)<0$,在$(x_0,x_0+\delta)$内有$f'(x)>0$,则$f(x_0)$是$f(x)$的极小值.

(证明略.)

由定理 3 可知,求函数的极值时,可先求出驻点和不可导的点,再考察函数在这些点的两侧是否改变符号,从而确定函数是否在这些点处取得极值.

例 4 求$f(x)=x^3-6x^2+9x-3$的极值.

解 函数的定义域是$(-\infty,+\infty)$,
$$f'(x)=3x^2-12x+9=3(x-1)(x-3).$$

令$f'(x)=0$,得驻点$x=1,x=3$,列表讨论如下:

x	$(-\infty,1)$	1	$(1,3)$	3	$(3,+\infty)$
$f'(x)$	+	0	-	0	+
$f(x)$	↗	极大值 1	↘	极小值 -3	↗

函数在$x=1$处取得极大值$f(1)=1$,在$x=3$处取得极小值$f(3)=-3$.

例 5 求$f(x)=x-\dfrac{3}{2}\sqrt[3]{x^2}$的极值.

解 函数的定义域是$(-\infty,+\infty)$,
$$f'(x)=1-\dfrac{1}{\sqrt[3]{x}}=\dfrac{\sqrt[3]{x}-1}{\sqrt[3]{x}}.$$

令$f'(x)=0$,得驻点$x=1$,不可导点为$x=0$,列表讨论如下:

x	$(-\infty,0)$	0	$(0,1)$	1	$(1,+\infty)$
$f'(x)$	+	不存在	−	0	+
$f(x)$	↗	极大值 0	↘	极小值 $-\dfrac{1}{2}$	↗

函数在 $x=0$ 处取得极大值 $f(0)=0$，在 $x=1$ 处取得极小值 $f(1)=-\dfrac{1}{2}$.

求函数的极值可以按讨论函数单调性的步骤进行.

如果函数在驻点处有不为零的二阶导数，我们还可以利用二阶导数来判定函数的极值.

定理 4（极值的第二充分条件）设函数 $f(x)$ 在 x_0 处有二阶导数，且 $f'(x_0)=0$，$f''(x_0)\neq 0$，则

(1) 如果 $f''(x_0)<0$，那么函数在 x_0 处取得极大值.

(2) 如果 $f''(x_0)>0$，那么函数在 x_0 处取得极小值.

（证明略.）

例 6 求函数 $f(x)=2x^3-6x^2-18x+7$ 的极值.

解 函数的定义域为 $(-\infty,+\infty)$，
$$f'(x)=6x^2-12x-18=6(x-3)(x+1).$$
令 $f'(x)=0$，得驻点 $x=3$，$x=-1$，求二阶导数得
$$f''(x)=12x-12.$$
因为 $f''(-1)=-24<0$，所以函数在 $x=-1$ 处取得极大值，$f(-1)=17$；

因为 $f''(3)=24>0$，所以函数在 $x=3$ 处取得极小值，$f(3)=-47$.

使用第二充分条件时，要注意当 $f''(x_0)=0$ 时，无法判定函数 $f(x)$ 在 x_0 处是否有极值. 例如 $y=x^3$，$y=x^4$，在 $x=0$ 处 $y'|_{x=0}=0$，$y''|_{x=0}=0$，而前者无极值，后者有极小值，如图 3-5 所示.

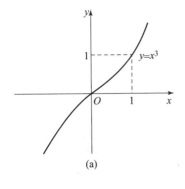
(a)

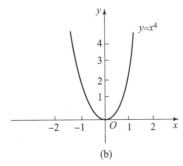
(b)

图 3-5

习题 3–3

A 组

1. 求下列函数的单调区间：

(1) $f(x) = 12 - 12x + 2x^2$；

(2) $f(x) = (x^2 - 4)^2$；

(3) $f(x) = 2x^2 - \ln x$；

(4) $f(x) = \dfrac{x}{1+x^2}$；

(5) $f(x) = (x^2 - 2x)e^x$；

(6) $y = (x-1)(x+1)^3$；

(7) $y = x - \ln(1+x)$；

(8) $f(x) = x^3 - 3x^2 + 3$.

2. 求下列函数的极值：

(1) $f(x) = 2x^3 - 3x^2$；

(2) $f(x) = \dfrac{x^3}{3} - \dfrac{x^2}{2} - 2x + \dfrac{1}{3}$；

(3) $f(x) = 4x^3 - 3x^2 - 6x + 2$；

(4) $f(x) = x + \sqrt{1-x}$；

(5) $f(x) = 2x - \ln(4x)^2$；

(6) $f(x) = 2e^x + e^{-x}$；

(7) $f(x) = x + \tan x$；

(8) $f(x) = x^2 e^{-x}$.

B 组

1. 下列说法是否正确？为什么？

(1) 若 $f'(x_0) = 0$，则 x_0 为 $f(x)$ 的极值点.

(2) $f(x)$ 的极值点一定是驻点或不可导点，反之则不成立.

(3) 若函数 $f(x)$ 在区间 (a,b) 内仅有一个驻点，则该点一定是函数的极值点.

(4) 设 x_1, x_2 分别是函数 $f(x)$ 的极大值点和极小值点，则必有 $f(x_1) > f(x_2)$.

(5) 若函数 $f(x)$ 在 x_0 处取得极值，则曲线 $y = f(x)$ 在点 $(x_0, f(x_0))$ 处有平行于 x 轴的切线.

2. 运用单调性证明不等式：

(1) $\ln(1+x) \geqslant \dfrac{\arctan x}{1+x}$，$x \geqslant 0$.

(2) $\cos x > 1 - \dfrac{x^2}{2}$，$x \neq 0$.

(3) $\arctan x \leqslant x$，$x \geqslant 0$

第四节 函数的最大值和最小值

在实际应用中，会遇到如何求面积最大、成本最低、用料最省、利润最大等问题，它们都属于求函数的最大值和最小值的问题. 函数的最大值和最小值是一个全局性概念，它可能在区间内部取得,也可能在区间端点处取得.如果函数的最大(或最小)值在区间内部取得,那么最大(或最小)值一定是函数的极大(或极小)值.函数的最大(或最小)值可以从以下三方面去寻找:

(1) 从函数在区间内部的极值和端点处的函数值中挑选;

(2) 如果函数在闭区间上单调递增(或单调递减),则最大(小)值在区间的右端点(或左端点)取得;

(3) 函数在开区间内有唯一的极大(或极小)值,则该极值即函数的最大(或最小)值.

例 1 求函数 $f(x) = 2x^3 + 3x^2 - 12x + 14$ 在区间 $[-3,4]$ 上的最大值和最小值.

解 $f'(x) = 6x^2 + 6x - 12 = 6(x+2)(x-1)$.

由 $f'(x) = 0$ 得驻点
$$x = -2, x = 1.$$

因为 $f(-2) = 34, f(1) = 7, f(-3) = 23, f(4) = 142$,

所以函数在区间 $[-3,4]$ 上的最大值是 $f(4) = 142$,最小值是 $f(1) = 7$.

例 2 求函数 $f(x) = \sqrt{5-4x}$ 在区间 $[-1,1]$ 上的最大值和最小值.

解 $f'(x) = -\dfrac{2}{\sqrt{5-4x}} < 0, \quad x \in [-1,1]$.

因为函数在 $[-1,1]$ 上单调递减,所以函数在左端点处取得最大值 $f(-1) = 3$;在右端点处取得最小值 $f(1) = 1$.

可以证明,如果函数在闭区间上是连续的,那么在该区间上函数必有最大值和最小值.

例 3 欲围成面积为 216 m² 的一块矩形土地,并在中间用一堵墙将其隔成两块,问这块土地的长和宽选取多大的尺寸才能使所用材料最省?

解 设围墙的总长为 L,长为 x,宽为 y,则
$$L = 3y + 2x.$$

由于面积为 $216 = xy$,所以 $y = \dfrac{216}{x}$,从而得函数关系
$$L(x) = 2x + \dfrac{648}{x}, \quad x \in (0, +\infty).$$

由 $L'(x) = 2 - \dfrac{648}{x^2} = \dfrac{2x^2 - 648}{x^2} = 0$,得驻点 $x = 18$,此时 $y = 12$.

由于在区间 $(0, +\infty)$ 内函数有唯一的驻点,又据实际问题知函数必有最小值点存在,故此唯一的驻点就是函数的最小值点.

因此,当这块土地长为 18 m,宽为 12 m 时,建造围墙所用的材料最省.

习题 3-4

A 组

1. 求下列函数在给定区间上的最大值和最小值：
   (1) $f(x) = x^3 - 3x + 1, [-2, 0]$；
   (2) $f(x) = x^4 - 2x^2 + 5, [-2, 2]$；
   (3) $f(x) = x + \sqrt{1-x}, [-5, 1]$；
   (4) $f(x) = \dfrac{x^2}{1+x}, \left[-\dfrac{1}{2}, 1\right]$；
   (5) $f(x) = 2x^2 - \ln x, (0, 3]$.

2. 将一个边长为 48 cm 的正方形铁皮四角各截去相同的小正方形，把四边折起来做成一个无盖的盒子，问截去的小正方形边长为多少时盒子的容积最大？

3. 做一个容积为 V 的圆柱形容器，已知两底面材料的价格是每单位面积 a 元，侧面材料的价格是每单位面积 b 元，问底面半径和高各为多少时造价最低？

B 组

1. 要铺设一条石油管道将石油从炼油厂输送到石油罐装点，炼油厂附近有一条宽 2.5 km 的河，罐装点在炼油厂的对岸沿河下游 10 km 处，如果在水中铺设管道的费用为 6 万元/km，在河边铺设管道的费用为 4 万元/km，试在河边找一点 P 使管道铺设费最低.

2. 一火车每小时的耗费由两部分组成，固定部分为 200 元，变动部分与火车行驶速度的立方成正比，已知速度为 20 km/h 时，变动部分每小时的耗费是 40 元.问火车行驶速度为多大时才能使火车从甲城开往乙城的总费用最省？

3. 轮船甲位于轮船乙以东 75 km 处，以 12 km/h 的速度向西行驶，而轮船乙以 6 km/h 的速度向北行驶，问经过多长时间两船相距最近？

4. 以汽船拖载质量相等的小船若干只，在两港之间来回运送货物.已知每次拖 4 只小船一日能来回 16 次，每次拖 7 只则一日能来回 10 次，如果小船增多的只数与来回减少的次数成正比，问每日来回多少次，每次拖多少只小船能使运货总量达到最大？

5. 设工厂 A 到铁路线的垂直距离为 20 km，垂足为 B，铁路线上距离 B 100 km 处有一原料供应站 C，现在要在铁路线 BC 之间某处 D 修建一个车站，再由车站 D 向工厂修一条公路，问 D 应在何处才能使从原料供应站 C 运货到工厂 A 所需运费最省？已知每千米的铁路运费与公路运费之比为 3:5.

6. 设某产品的次品率 y 与日产量 x 之间的关系为 $y = \begin{cases} \dfrac{1}{101-x}, & 0 \leq x \leq 100, \\ 1, & x > 100, \end{cases}$ 若每件产

品的盈利为 A 元,每件次品造成的损失为 $\frac{A}{3}$ 元,试求盈利最多时的日产量.

7. 一渔船停泊在距海岸 9 km 处,假定海岸线是直线,今派人从船上送信给距船 $V = 3\sqrt{34}$ km 处的海岸渔站,如果送信人步行速度为 5 km/h,船速为 4 km/h,问在何处登岸再走才可使抵达渔站的时间最短?

8. 甲、乙两村分别在输电干线同侧距输电干线 1 km 和 1.5 km 处,两村到输电干线的垂足相距 3 km. 两村合用一台变压器,若两村用同型号线架设输电线,问变压器设在输电干线何处时所需输电线最短?

9. 某种牌号的收音机,当单价为 350 元时,某商店可销售 1 080 台,价格每降低 5 元,商店可多销售 20 台,试求使商店获得最大收入的价格、销售量及最大收入.

10. 设圆桌面的半径为 a,应该在圆桌面中央上方多高的地方安置电灯,才能使桌子边缘上的照度最大?(提示:照度 $I = k\frac{\sin\varphi}{r^2}$,其中 φ 为光线倾斜的角度,r 为光源与被照处的距离,k 为光源强度,$\sin\varphi = \frac{h}{r}$,$h$ 为光源到桌面的垂直距离.)

11. 某旅行社在暑假期间推出如下旅游团组团办法:达到 100 人的团体,每人收费 1 000 元,如果团体的人数超过 100 人,那么每超过 1 人,每人平均收费降低 5 元,但团体人数不能超过 180 人,如何组团可使旅行社的收费最多?(不到 100 人不组团)

第五节　函数图形的描绘

一、曲线的凹凸性与拐点

为了比较全面地反映函数的几何特征,在研究了函数的单调性、极值之后,还需进一步讨论曲线的性态,如曲线 $y = x^2$ 和 $y = \sqrt{x}$ 在 $(0, +\infty)$ 上都是单调递增函数,但曲线在上升过程中的弯曲方向却不一样,曲线 $y = x^2$ 是凹着上升,曲线 $y = \sqrt{x}$ 则是凸着上升. 下面讨论曲线的凹凸性及其判别法.

定义 2　若函数 $f(x)$ 在区间 (a,b) 内可导,若曲线弧始终位于每一点切线的上方,则曲线在该区间上是凹的(或称为上凹);若曲线弧始终位于每一点切线的下方,则曲线在该区间上是凸的(或称为下凹).

曲线凹弧与凸弧的分界点叫作曲线的拐点.

由图 3-6 和图 3-7 可以看出,当曲线是凸向时,其切线的斜率呈递减状态,即导函数单调递减;当曲线是凹向时,其切线的斜率呈递增状态,即导函数单调递增.

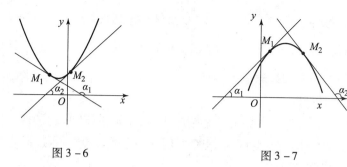

图 3-6　　　　　　　图 3-7

如果函数 $f(x)$ 在区间 (a,b) 内具有二阶导数,可利用二阶导数的符号来判定曲线的凹凸性.

定理 5　设函数 $f(x)$ 在区间 $[a,b]$ 上连续,在区间 (a,b) 内具有一阶和二阶导数,则
(1) 若在 (a,b) 内,$f''(x)>0$,则曲线 $f(x)$ 的图形在 $[a,b]$ 上是凹的;
(2) 若在 (a,b) 内,$f''(x)<0$,则曲线 $f(x)$ 的图形在 $[a,b]$ 上是凸的.
如果 $f''(x_0)=0$,且在 x_0 的两侧 $f''(x)$ 异号,则曲线有拐点 $(x_0,f(x_0))$.
(证明略.)

例 1　求曲线 $f(x)=x^3-3x$ 的凹凸区间与拐点.

解　函数的定义域是 $(-\infty,+\infty)$,且
$$f'(x)=3x^2-3,\ f''(x)=6x.$$
令 $f''(x)=0$,得 $x=0$,列表讨论如下:

x	$(-\infty,0)$	0	$(0,+\infty)$
$f''(x)$	$-$	0	$+$
$f(x)$	$\cap$	拐点$(0,0)$	$\cup$

所以,曲线的凸区间是 $(-\infty,0)$,凹区间是 $(0,+\infty)$,拐点是 $(0,0)$.

例 2　求曲线 $y=x^4-6x^3+12x^2-10$ 的凹凸区间及拐点.

解　函数 $y=x^4-6x^3+12x^2-10$ 的定义域为 $(-\infty,+\infty)$,
$$y'=4x^3-18x^2+24x,$$
$$y''=12x^2-36x+24=12(x-1)(x-2).$$
令 $y''=0$ 得 $x=1,x=2$,列表如下:

x	$(-\infty,1)$	1	$(1,2)$	2	$(2,+\infty)$
y''	$+$	0	$-$	0	$+$
y	$\cup$	拐点$(1,-3)$	$\cap$	拐点$(2,6)$	$\cup$

所以，曲线的凸区间是$(1,2)$，凹区间是$(-\infty,1)$和$(2,+\infty)$，拐点是$(1,-3)$和$(2,6)$．

二、曲线的渐近线

我们知道，有些函数的图形可以无限延伸，如函数$y=\dfrac{1}{x}$，当$|x|$无限大时，曲线无限延伸并且无限接近于直线$x=0$及$y=0$，这种直线叫作曲线的渐近线．下面给出曲线的三种渐近线的求法．

1. 水平渐近线

定义 3 如果当$x\to\infty$（$x\to-\infty$ 或 $x\to+\infty$）时，$\lim\limits_{x\to\infty}f(x)=b$，则称直线$y=b$是曲线$y=f(x)$的水平渐近线．

例 3 求曲线$y=2+\dfrac{5}{(x-3)^2}$的水平渐近线．

解 因为$\lim\limits_{x\to\infty}\left[2+\dfrac{5}{(x-3)^2}\right]=2$，所以直线$y=2$是曲线$y=2+\dfrac{5}{(x-3)^2}$的一条水平渐近线．

2. 铅直渐近线

定义 4 如果当$x\to c$（$x\to c^-$ 或 $x\to c^+$）时，$\lim\limits_{x\to c}f(x)=\infty$，则称直线$x=c$是曲线$y=f(x)$的铅直渐近线．

例 4 求曲线$y=\dfrac{1}{1-x^2}$的铅直渐近线．

解 因为$\lim\limits_{x\to-1}\dfrac{1}{1-x^2}=\infty$，$\lim\limits_{x\to 1}\dfrac{1}{1-x^2}=\infty$，所以直线$x=\pm 1$是曲线$y=\dfrac{1}{1-x^2}$的两条铅直渐近线．

3. 斜渐近线

如果函数$y=f(x)$满足$\lim\limits_{x\to\infty}\dfrac{f(x)}{x}=k$（$k\neq 0$），$\lim\limits_{x\to\infty}[f(x)-kx]=b$，则直线$y=kx+b$是曲线$y=f(x)$的斜渐近线．

例 5 求曲线$y=x+\arctan x$的渐近线．

解 通过计算可知，曲线无水平渐近线和铅直渐近线，而

$$k=\lim_{x\to\infty}\dfrac{f(x)}{x}=\lim_{x\to\infty}\dfrac{x+\arctan x}{x}=1,$$

$$\lim_{x\to+\infty}[f(x)-kx]=\lim_{x\to+\infty}\arctan x,\quad \lim_{x\to-\infty}[f(x)-kx]=\lim_{x\to-\infty}\arctan x=\dfrac{\pi}{2}=-\dfrac{\pi}{2},$$

所以，曲线$y=x+\arctan x$有斜渐近线$y=x+\dfrac{\pi}{2}$和$y=x-\dfrac{\pi}{2}$．

三、函数图形的描绘

综合以上所学的内容,结合函数的其他一些性质,可以将函数的图形画得比较准确一些.我们可以按照下面的步骤描绘函数的图形:

(1)确定函数的定义域、周期性、奇偶性及与坐标轴的交点;
(2)求出使得$f'(x)=0, f''(x)=0$的点及$f'(x)$和$f''(x)$不存在的点;
(3)利用上面的点将函数的定义域分成若干个小区间,列表确定函数的单调区间与极值、曲线的凹凸区间与拐点;
(4)求曲线的渐近线;
(5)描绘几个特殊点,特别是极值点、拐点以及曲线与坐标轴的交点;
(6)综合以上信息,描绘出函数的图形.

例6 作函数$f(x)=3x-x^3$的图形.

解 函数的定义域是$(-\infty, +\infty)$,函数是奇函数,函数图形关于原点对称.
$$f'(x)=3-3x^2=3(1-x)(1+x),$$
$$f''(x)=-6x.$$

令$f'(x)=0$,求得驻点$x=\pm 1$;令$f''(x)=0$,得$x=0$.列表讨论如下:

x	$(-\infty,-1)$	-1	$(-1,0)$	0	$(0,1)$	1	$(1,+\infty)$
$f'(x)$	−	0	+	+	+	0	−
$f''(x)$	+	+	+	0	−	−	−
$f(x)$	↘	极小值 $f(-1)=-2$	↗	拐点 $(0,0)$	↗	极大值 $f(1)=2$	↘

求特殊点:$(-\sqrt{3},0),(-1,-2),(0,0),(1,2),(0,\sqrt{3})$.
描点作出函数的图形,如图3-8所示.

例7 作函数$y=\dfrac{2x-1}{(x-1)^2}$的图像.

解 函数的定义域是$(-\infty,1)\cup(1,+\infty)$,且
$$y'=-\frac{2x}{(x-1)^3},\quad y''=\frac{4x+2}{(x-1)^4}.$$

令$y'=0$,得驻点$x=0$;$y''=0$,得$x=-\dfrac{1}{2}$.列表讨论如下:

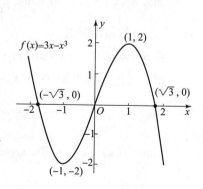

图3-8

x	$\left(-\infty, -\dfrac{1}{2}\right)$	$-\dfrac{1}{2}$	$\left(-\dfrac{1}{2}, 0\right)$	0	(0,1)	$(1, +\infty)$
$f'(x)$	−	−	−	0	+	−
$f''(x)$	−	0	+	+	+	+
$f(x)$	↘	拐点 $\left(-\dfrac{1}{2}, -\dfrac{8}{9}\right)$	↘	极小值 $f(0)=-1$	↗	↘

讨论渐近线:

$\lim\limits_{x\to\infty}\dfrac{2x-1}{(x-1)^2}=0$,曲线有水平渐近线 $y=0$;

$\lim\limits_{x\to 1}\dfrac{2x-1}{(x-1)^2}=\infty$,曲线有铅直渐近线 $x=1$;

求特殊点: $\left(-1, -\dfrac{3}{4}\right), \left(-\dfrac{1}{2}, -\dfrac{8}{9}\right), (0, -1), \left(\dfrac{1}{2}, 0\right), (2, 3), \left(3, \dfrac{5}{4}\right)$.

描点作出函数的图形,如图 3-9 所示.

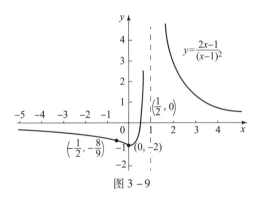

图 3-9

习题 3-5

A 组

1. 求下列曲线的凹凸区间和拐点:

(1) $f(x)=x^3-3x^2+7$;
(2) $f(x)=x^3-6x^2+9x+1$;
(3) $y=2x^3+3x^2+x+2$;
(4) $y=x\mathrm{e}^x$;
(5) $f(x)=\ln(1+x^2)$.

2. 求下列曲线的渐近线：

(1) $y = e^{-(x-1)^2}$；

(2) $y = \dfrac{x}{(x+2)^3}$；

(3) $y = \dfrac{\sin x}{x}$；

(4) $y = \dfrac{4}{x^2 - 2x - 3}$.

3. 已知曲线 $y = x^3 + ax^2 - 9x + 4$ 在 $x = 1$ 处有拐点，试确定 a 的值，并求曲线的拐点.

4. a, b 为何值时，点 $(1, 3)$ 为曲线 $y = ax^3 + bx^2$ 的拐点？

5. 作下列函数的图形：

(1) $y = \dfrac{x^3}{3} - x^2 + 2$；

(2) $y = x^4 - 2x^3 + 1$；

(3) $y = \ln(1 + x^2)$；

(4) $y = x e^{-x}$.

B 组

1. 说明曲线 $y = x^5 - 5x^3 + 30$ 在点 $(1, 11)$ 及点 $(3, 3)$ 附近的凹凸性.

2. 已知函数 $y = ax^3 + bx^2 + cx + d$ 有拐点 $(-1, 4)$，且在 $x = 0$ 处有极小值 2，求 a, b, c, d 的值.

3. 判断题：

(1) 设函数 $y = f(x)$ 在区间 (a, b) 内的二阶导数存在，且 $y' > 0, y'' < 0$，则曲线 $y = f(x)$ 在区间 (a, b) 内单调递增且凸.

(2) 设函数 $y = f(x)$ 在区间 (a, b) 内的二阶导数存在，且 $y' < 0, y'' > 0$，则曲线 $y = f(x)$ 在区间 (a, b) 内单调递减且凹.

4. 作下列函数的图形：

(1) $y = \dfrac{\ln x}{x}$；

(2) $y = x^2 + \dfrac{1}{x}$；

(3) $y = \dfrac{x}{1 + x^2}$；

(4) $y = x^3 - 6x^2 + 9x - 5$.

第六节 导数概念在经济分析中的应用

一、常用的经济函数

1. 需求、供给函数

(1) 需求函数.

购买者(消费者)对商品的需求是指购买者既有购买商品的愿望，又有购买商品的能力. 只有同时具备购买欲望和支付能力这两个条件才称得上需求. 影响需求的因素有很多，如人口、收入、商品的价格、消费者的偏好，等等，若将商品价格以外的其他因素看作不变的因素，则可把商品的需求量 Q 看作价格 P 的函数，称为需求函数，记作

$$Q = f(P).$$

需求函数一般是价格的减函数,即价格上涨,需求量减少;价格下降,需求量逐步增大.特殊情况下也会出现价格上涨,需求量反而增大的情况,如古董、字画等珍品,价格越高需求会越大.

(2)供给函数.

如果说需求是买方市场,那么供给则是卖方市场,供给与需求是相对的概念,供给是指生产者在某一时刻内,在各种可能的价格水平上,对某种商品愿意并能够出售的数量.只有当供给者既有出售商品的愿望,同时又有供应能力时才构成供给.供给函数是讨论在其他因素不变的条件下,供给量 Q 与商品价格 P 之间的关系,记作

$$Q = \varphi(P).$$

供给函数一般是价格的增函数,即价格上涨时,供给量会上升;价格下降时,供给量会随之下降. 也有例外情况,如珍稀文物等,当价格上涨到一定限度时,人们不再拿出来销售,因而价格上升,供给量反而会减少.

在理想状态下,商品的生产应该是既满足市场需求又不会造成积压,即供需平衡,此时的价格称为均衡价格.

2. 成本、收益和利润函数

(1)成本函数.

在生产过程中,产品的成本 C 是产量 Q 的函数,称为成本函数,记作

$$C = C(Q).$$

成本函数由固定成本 C_0 和可变成本 C_1 两部分组成,因此成本函数又可以表示为

$$C(Q) = C_0 + C_1(Q).$$

例1 某工厂日生产产品 100 单位,日固定成本为 130 元,生产一个单位成品的可变成本为 6 元,求该厂日成本函数.

解 已知 $C_0 = 130, C_1(Q) = 6Q$,则成本函数是

$$C(Q) = 130 + 6Q.$$

(2)收益函数.

若产品的销售价格是 P,销售量是 Q,收益函数是 R,则销售该产品的收益是

$$R = PQ.$$

收益函数有两种表达式:

$$R(P) = Pf(P)$$

或

$$R(Q) = Qf^{-1}(Q).$$

例2 某商品的需求函数为 $P = 10 - \dfrac{Q}{5}$,试将收益 R 表示为需求量 Q 的函数.

解 因为

$$R = PQ,$$

则

$$R(Q) = PQ = \left(10 - \dfrac{Q}{5}\right)Q$$

$$= 10Q - \frac{1}{5}Q^2.$$

(3) 利润函数.

利润为收益与成本的差,如果产品的产量为 Q,则利润 L 可以表示为
$$L(Q) = R(Q) - C(Q).$$

例 3 某厂每批生产 Q 吨商品的成本为 $C(Q) = Q^2 + 4Q + 10$(万元),每吨售价 P 万元,且需求函数 $Q = \frac{1}{5}(28 - P)$. 试将每批产品销售后获得的利润 L 表示为产量 Q 的函数.

解 由 $Q = \frac{1}{5}(28 - P)$,得 $P = 28 - 5Q$,则销售 Q 吨商品的收益为
$$R(Q) = Q(28 - 5Q).$$
于是利润函数为
$$\begin{aligned} L(Q) &= R(Q) - C(Q) \\ &= Q(28 - 5Q) - (Q^2 + 4Q + 10) \\ &= -6Q^2 + 24Q - 10. \end{aligned}$$

二、边际分析

1. 边际函数

如果函数 $y = f(x)$ 在点 x 处可导,则 $f'(x)$ 称为 $f(x)$ 的边际函数. $f'(x_0)$ 称为 $f(x)$ 的边际函数值,它表示当 $x = x_0$ 时, x 每改变(增加或减少)一个单位, y 约改变(增加或减少) $f'(x_0)$ 个单位.

例如,需求函数 $Q = f(P)$ 在 P 处的导数 $Q' = f'(P)$ 称为边际需求函数;供给函数 $Q = \varphi(P)$ 在 P 处的导数 $Q' = \varphi'(P)$ 称为边际供给函数.

例 4 已知需求函数 $Q(P) = 12 - \frac{P^2}{4}$,求边际需求和 $Q'(8)$.

解 边际需求为
$$Q' = -\frac{P}{2},$$
$$Q'(8) = -4.$$

它表示,当 $P = 8$ 时,价格每上涨(或下跌)一个单位,需求将减少(或增加)4 个单位.

2. 边际成本

设成本函数为 $C = C(Q)$, C 表示总成本, Q 表示产量,则生产 Q 个单位的边际成本为
$$C' = C'(Q) \quad \text{或} \quad \frac{dC}{dQ}.$$

上式的经济意义为:当产量为 Q 单位时,再增加(或减少)生产一个单位产品时需追加(或节约)的成本为 $C'(Q)$ 个单位.

例 5 设成本函数 $C(Q) = 200 + 0.03Q^2$,求

(1) 边际成本函数;

(2) $Q = 100$ 件时的边际成本.

解 (1)边际成本函数为 $C'(Q) = 0.06Q$.

(2) $Q = 100$ 件时的边际成本为 $C'(100) = 6$.

这说明,生产第 100 或第 101 件产品时所花费的成本是 6 元.

3. 边际收益

设总收益函数为 $R = PQ$, P 为价格, Q 为销售量, 若需求函数为 $P = P(Q)$, 则总收益函数为
$$R(Q) = QP(Q),$$
边际收益为
$$R'(Q) = P(Q) + QP'(Q).$$

上式表示当销售量达到 Q 个单位时, 多销售(或少销售)一个单位产品, 其收益会增加(或减少) $R'(Q)$ 个单位.

由于成本、收益、利润之间的关系为
$$利润 = 总收益 - 总成本,$$
即
$$L(Q) = R(Q) - C(Q),$$
则
$$L'(Q) = R'(Q) - C'(Q).$$

$L'(Q)$ 称为边际利润.

例 6 设某产品的需求函数为 $P = 20 - \dfrac{Q}{5}$, 其中 P 为价格, Q 为销售量, 求销售量为 15 个单位时的总收益、平均收益和边际收益.

解 总收益函数为
$$R(Q) = Q\left(20 - \frac{Q}{5}\right) = 20Q - \frac{1}{5}Q^2.$$

当销售量为 15 个单位时,

(1) 总收益:$R(15) = 20 \times 15 - \dfrac{1}{5} \times 15^2 = 255$;

(2) 平均收益:$\dfrac{R(15)}{15} = \dfrac{225}{15} = 15$;

(3) 边际收益:$R'(15) = 20 - \dfrac{2}{5} \times 15 = 14$.

三、极值的经济应用

函数的极值可以有力地解决经济管理中诸如最低成本、最大利润、最高收益、最低费用等问题.

1. 最小平均成本

设成本函数为 $\qquad C = C(Q),$

平均成本函数为
$$\overline{C}(Q) = \frac{C(Q)}{Q},$$
$$\overline{C}'(Q) = \frac{C'(Q)Q - C(Q)}{Q^2}.$$

若使平均成本在 Q_0 处取得极小值,应有 $\overline{C}'(Q_0) = 0$,即
$$C'(Q_0)Q_0 - C(Q_0) = 0, \quad C'(Q_0) = \overline{C}(Q_0).$$

我们看到这样一个结论:使平均成本为最小的生产量(生产水平),正是使边际成本等于平均成本的生产量(生产水平).

例 7 设某产品的成本函数为 $C(Q) = \frac{1}{4}Q^2 + 3Q + 400$(万元),问产量为多少时,该产品的平均成本最小? 求最小平均成本.

解 平均成本函数为
$$\overline{C}(Q) = \frac{1}{4}Q + 3 + \frac{400}{Q}, \quad Q \in (0, +\infty).$$

边际成本为
$$C'(Q) = \frac{1}{2}Q + 3.$$

由 $C'(Q) = \overline{C}(Q)$,得 $Q = 40$.

据上述结论知 $\overline{C}(Q)$ 在 $Q = 40$ 处有最小值:
$$\overline{C}(40) = \frac{1}{4} \times 40 + 3 + \frac{400}{40} = 23 \text{(万元)}.$$

因此,当产量为 40 单位时,该产品的平均成本最小,最小平均成本为 23 万元/单位.

2. 最大利润

设收益函数是 $R(Q)$,成本函数是 $C(Q)$,则利润函数为
$$L(Q) = R(Q) - C(Q),$$
$$L'(Q) = R'(Q) - C'(Q).$$

为使利润最大,其 $L'(Q) = 0$,有 $R'(Q) = C'(Q)$.

由此可知,如果利润达到最大,需边际收益等于边际成本.

例 8 某厂每批生产 Q 台商品的成本为 $C(Q) = 5Q + 200$(万元),得到的收益为 $R(Q) = 10Q - 0.01Q^2$(万元),问每批生产多少台才能使利润最大?

解 边际收益为
$$R'(Q) = 10 - 0.02Q,$$

边际成本为
$$C'(Q) = 5, \quad Q \in (0, +\infty).$$

令 $R'(Q) = C'(Q)$, 得 $Q = 250$.

由上述结论知,$Q = 250$ 时利润达到最大,$L(250) = 425$ 万元.

所以只要每批生产 250 台,就可以获得最大利润 425 万元.

例9 某产品的需求函数为 $P = 240 - 0.2Q$,成本函数为 $C(Q) = 80Q + 2\,000$(元),问产量和价格分别是多少时,该产品的利润最大? 并求最大利润.

解 收益函数为
$$R(Q) = PQ = Q(240 - 0.2Q) = 240Q - 0.2Q^2, \quad Q \in (0, +\infty).$$
利润函数为
$$L(Q) = 160Q - 0.2Q^2 - 2\,000,$$
$$L'(Q) = 160 - 0.4Q.$$

令 $L'(Q) = 0$,得驻点 $Q = 400$.

由 $L''(Q) = -0.4 < 0$ 知,函数在 $Q = 400$ 处取得最大值,此时
$L(400) = 160 \times 400 - 0.2 \times 400^2 - 2\,000 = 30\,000$(元),$P = 240 - 0.2 \times 400 = 160$(元).

所以,当产量为 400 单位,价格为 160 元/单位时,该产品的利润最大,最大利润为 30 000 元.

习题 3-6

A 组

1. 设销售某产品的收益 R 是产量 Q 的二次函数,经统计得:当产量 $Q = 0, 2, 4$ 时,收益 $R = 0, 6, 8$.试确定收益与产量的函数关系.

2. 某公司每天要支付一笔固定费用 300 元(用于房租和薪水等),它所出售的食品的生产费用为 1 元/kg,而销售价格为 2 元/kg,试问它们的保本点为多少? 即每天应当销售多少千克食品才能使公司收支平衡?

3. 某产品的成本函数为 $C(Q) = 1\,100 + \dfrac{Q^2}{1\,200}$,求生产 900 个单位产品时的总成本、平均成本和边际成本.

4. 某产品生产 Q 单位的收益函数为 $R(Q) = 200Q - 0.01Q^2$,求生产 50 个单位产品时的边际收益.

5. 某产品的总成本函数是 $C(x) = 100 + 6x - 0.4x^2 + 0.02x^3$(万元),问当生产水平为 10(万件)时,平均成本和边际成本各是多少? 从降低单位成本的角度来讲,继续提高产量是否得当?

6. 某商品的需求量关于价格的函数为 $Q = 75 - P^2$,求 $P = 4$ 的边际需求,并说明其经济意义.

7. 设某产品的成本函数为 $C(Q) = 0.5Q^2 + 20Q + 3\,200$(元),问当产量为多少时,该产品的平均成本最小? 并求最小平均成本.

8. 设某工厂生产 Q 台产品的成本是 $C(Q) = Q^3 - 6Q^2 + 15Q$(万元),问产量是多少

时,该产品的平均成本最小?

9. 设某产品的成本函数为 $C(Q) = 1\ 600 + 65Q - 2Q^2$(百元),收益函数是 $R(Q) = 305Q - 5Q^2$,问产量为多少时,该产品的利润最大?

10. 某产品的需求函数是 $P = 10 - 0.01Q$,生产该产品的固定成本为 200 元,每生产一个单位的产品成本增加 5 元,问产量为多少时,该产品的利润最大?并求最大利润.

B 组

1. 已知某产品产量为 q 件时总成本函数(单位:元)为 $C(q) = 5q + 10\sqrt{q} + 100$,求:
(1)产量为 10 000 件时的总成本;
(2)产量为 10 000 件时的平均成本和平均可变成本;
(3)当产量从 6 400 件增加到 10 000 件时,总成本的平均变化率;
(4)产量为 10 000 件时总成本的变化率(边际成本),并解释其经济含义.

2. 已知某产品的需求函数为 $q = 50 - p$,求边际收益函数在 $q = 10, q = 25, q = 30$ 时的值.

3. 有 100 间房子出租,若每间租金定为 200 元能够全部租出去,但每增加 10 元就有一间租不出去,且每租出去一间,就需要增加 20 元管理费.问:租金定为多少才能获得最大利润?

4. 某厂冬季每天生产 q 件毛衣,其总成本满足函数 $C(q) = 0.4q^2 + 30q + 160$.问:当 q 为多少时平均成本最低?并求出最小平均成本.

5. 一文具店以 20 元的单价购进一批钢笔,若该钢笔的需求量满足函数 $Q = 50 - p$,则该文具店把销售价格分别定为多少时可获得最大收益和最大利润?

第七节 曲 率

一、曲率及其计算

在实践中,我们常常会遇到曲线的弯曲程度问题:修铁路时,如果铁轨的弯曲程度不合适,就会造成火车出轨的事故;建筑中,梁的弯曲程度也极为重要,弯曲程度太大就会造成断裂,等等.为此,有必要对曲线的弯曲程度——曲率进行讨论.

我们在观察各种曲线时会发现,影响曲线弯曲程度的因素有两个:
(1)若两弧长度相等,则弧两端切线的交角决定两弧的弯曲程度.交角大的弯曲程度大,交角小的弯曲程度小,如图 3 - 10 所示.
(2)若弧两端切线的交角相等,则弧的长度决定两弧的弯曲程度.弧较长的弯曲程度较小,弧较短的弯曲程度较大,如图 3 - 11 所示.

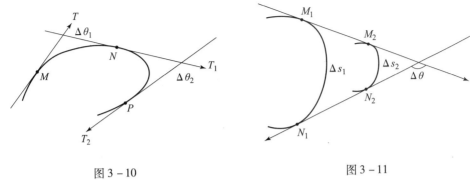

图 3 - 10　　　　　　　　　　图 3 - 11

由上面的分析可知,曲线弧的弯曲程度与弧两端切线的交角和弧长有关,因此我们可以用弧两端切线的交角与弧长之比 $\dfrac{\Delta\theta}{\stackrel{\frown}{MN}}$ 来刻画弧 $\stackrel{\frown}{MN}$ 的弯曲程度. 弧 $\stackrel{\frown}{MN}$ 的长度记作 Δs, 弧两端切线的交角与弧长之比叫作弧的平均曲率,记为

$$\overline{K}=\dfrac{\Delta\theta}{\Delta s}. \tag{3-1}$$

平均曲率只能表示某一段弧的平均弯曲度,要较为准确地反映曲线在一点处的弯曲度,就要用到极限这个工具. 当 $\Delta s\to 0$ 时(即 $M\to N$ 时),若极限 $\lim\limits_{\Delta s\to 0}\dfrac{\Delta\theta}{\Delta s}$ 存在,则称此极限值为曲线在点 M 处的曲率,记为

$$K=\lim_{\Delta s\to 0}\dfrac{\Delta\theta}{\Delta s}=\dfrac{\mathrm{d}\theta}{\mathrm{d}s}. \tag{3-2}$$

现在我们来简单推导一下一般曲线在任意一点的曲率计算公式.

设曲线 $y=f(x)$ 上由 M_0 至 M 的一段弧长为 s,则 $s=f(x)$,在 M 点处给 x 一个增量 Δx,相应有 y 的增量 Δy 和弧的增量 $\Delta s=\stackrel{\frown}{MM_1}$(见图 3 - 12).

在直角三角形 MNM_1 中, $MN=\Delta x$, $NM_1=\Delta y$, 由勾股定理得

$$MM_1^2=MN^2+NM_1^2=(\Delta x)^2+(\Delta y)^2,$$

等式两边同除 $(\Delta x)^2$,并令 $\Delta x\to 0$,得

$$\lim_{\Delta x\to 0}\left(\dfrac{MM_1}{\Delta x}\right)^2=1+\lim_{\Delta x\to 0}\left(\dfrac{\Delta y}{\Delta x}\right)^2=1+(y')^2.$$

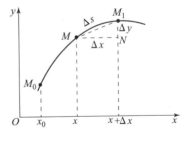

图 3 - 12

当 $M_1\to M$ 时, $\Delta x\to 0$,弧 $\stackrel{\frown}{MM_1}$ 与弦 MM_1 无限接近,

$$\dfrac{\stackrel{\frown}{MM_1}}{MM_1}=\dfrac{\Delta s}{MM_1}\to 1.$$

于是有 $\lim\limits_{\Delta x\to 0}\left(\dfrac{\Delta s}{\Delta x}\right)^2=\lim\limits_{\Delta x\to 0}\left(\dfrac{\Delta s}{MM_1}\right)^2\cdot\left(\dfrac{MM_1}{\Delta x}\right)^2=1+\lim\limits_{\Delta x\to 0}\left(\dfrac{\Delta y}{\Delta x}\right)^2=1+(y')^2,$

即

$$\left(\dfrac{\mathrm{d}s}{\mathrm{d}x}\right)^2=1+(y')^2,$$

因此有
$$ds = \sqrt{1+(y')^2}dx, \quad (3-3)$$
或
$$ds = \sqrt{(dx)^2+(dy)^2}. \quad (3-4)$$
式(3-3)和式(3-4)叫作弧长的微分公式.

又由导数的几何意义,$y' = \tan\theta$,则 $\theta = \arctan y'$,
$$\frac{d\theta}{dx} = \frac{1}{1+(y')^2}y'',$$

所以
$$\frac{d\theta}{ds} = \frac{\frac{y''}{1+(y')^2}dx}{\sqrt{1+(y')^2}dx}.$$

曲率的计算公式为
$$K = \frac{y''}{(1+y'^2)^{\frac{3}{2}}}, \quad (3-5)$$

由式(3-5)知,曲率是可正可负的,今后我们只考虑 $K > 0$ 的情形,即
$$K = \left|\frac{d\theta}{ds}\right| = \frac{|y''|}{(1+y'^2)^{\frac{3}{2}}}.$$

例1 求圆 $x^2 + y^2 = R^2$ 在任意一点处的曲率.

解 求导 $2x + 2yy' = 0 \Rightarrow y' = -\frac{x}{y}, y'' = -\frac{1+y'^2}{y} = -\frac{R^2}{y^3}$.

由曲率公式得
$$K = \frac{1}{R}.$$

上式说明,圆在每一点处的曲率都相等,且等于半径的倒数.

由于圆的曲率等于常数 $\frac{1}{R}$,所以在研究曲线上一点的弯曲度时,往往采用在该点与曲线有相同曲率的圆来近似代替曲线在这点附近的一段弧,这样有利于问题的简化.

例2 计算等边双曲线 $xy = 1$ 在点 $(1,1)$ 处的曲率.

解 由 $y = \frac{1}{x}$,得
$$y' = -\frac{1}{x^2}, \quad y'' = \frac{2}{x^3},$$

故
$$y'|_{x=1} = -1, \quad y''|_{x=1} = 2.$$

把它们代入式(3-5),便得曲线 $xy = 1$ 在点 $(1,1)$ 处的曲率为
$$K = \frac{2}{[1+(-1)^2]^{3/2}} = \frac{1}{\sqrt{2}} = \frac{\sqrt{2}}{2}.$$

例3 曲线 $y = \sin x$ 在区间 $[0,\pi]$ 上哪一点处的曲率最大?

解 将 $y' = \cos x, y'' = -\sin x$ 代入曲率公式得
$$K = \frac{|y''|}{[1+y'^2]^{3/2}} = \frac{|\sin x|}{(1+\cos^2 x)^{3/2}} = \frac{\sin x}{(1+\cos^2 x)^{3/2}}, 0 \leq x \leq \pi.$$

在 $x = 0$ 及 $x = \pi$ 处,$K = 0$,即在点 $(0,0)$ 和点 $(\pi,0)$ 的邻近处,正弦曲线接近直线;而

在 $x = \dfrac{\pi}{2}$ 处,$\cos x = 0$,K 的分母最小且分子 $\sin x = 1$ 取得最大值,所以,此时曲率 K 取得最大值 1,也就是正弦曲线在点 $\left(\dfrac{\pi}{2}, 0\right)$ 处弯曲程度最大.

注:在工程技术中往往出现 $|y'|$ 很小的情形.例如,土木工程中,梁由于承重而弯曲,但是梁弯曲的程度很轻微,即各点的倾斜角 θ 很小,此时 $|y'|$ 与 1 比较是很小的,所以 y'^2 可以忽略不计,于是 $1 + y'^2 \approx 1$,从而曲率 K 的近似计算公式为

$$K = \dfrac{|y''|}{[1 + y'^2]^{3/2}} \approx |y''|.$$

二、曲率圆

如果曲线 $y = f(x)$ 上点 $M(x, y)$ 处的曲率 $K \neq 0$,则称曲率 K 的倒数 $\dfrac{1}{K}$ 为曲线 $y = f(x)$ 在点 $M(x, y)$ 处的**曲率半径**,记作 R,即

$$R = \dfrac{1}{K} = \dfrac{(1 + y'^2)^{\frac{3}{2}}}{|y''|}.$$

在曲线 C 上点 $M(x, y)$ 处,与曲线相切、凹向相同且曲率也相同的圆,称为曲线 C 在点 $M(x, y)$ 处的**曲率圆**,曲率圆的圆心 A 称为曲线 C 在点 M 处的**曲率中心**,曲率圆的半径 ρ 称为曲线 C 在点 M 处的**曲率半径**(见图 3-13).

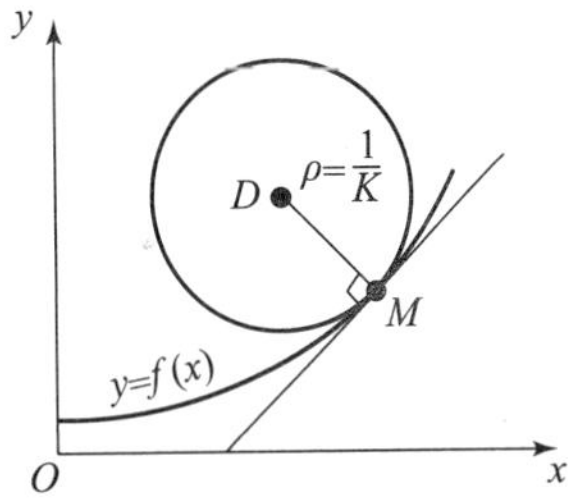

按上述规定可知,曲率圆与曲线在点 M 有相同的切线和曲率,且在点 M 邻近有相同的凹向.因此,在实际问题中,常常用曲率圆在点 M 邻近的一段圆弧来近似代替曲线弧,以使问题简化.且按上述规定易知,曲线在点 M 处的曲率 $K(K \neq 0)$ 与曲线在点 M 处的曲率半径 ρ 有如下关系:

$$\rho = \dfrac{1}{K}, \quad K = \dfrac{1}{\rho}.$$

图 3-13

这就是说,曲线上一点处的曲率半径与曲线在该点处的曲率互为倒数.

例 4 设工件内表面的截线为抛物线 $y = 0.4x^2$.现在要用砂轮磨削其内表面,问用直径多大的砂轮比较合适?

解 为了在磨削时不使砂轮与工件接触处附近的那部分工件磨去太多,砂轮的半径应不大于抛物线上各点处曲率半径中的最小值.我们知道抛物线在其顶点处的曲率最大,也就是说,抛物线在其顶点处的曲率半径最小.因此,只要求出抛物线 $y = 0.4x^2$ 在顶点 $O(0, 0)$ 处的曲率半径,由

$$y' = 0.8x, \quad y'' = 0.8,$$
$$y'|_{x=0} = 0, \quad y''|_{x=0} = 0.8,$$

而有

从而得曲率为

$$K = 0.8.$$

因而求得抛物线顶点处的曲率半径

$$\rho = \frac{1}{K} = 1.25.$$

所以选用砂轮的半径不得超过 1.25 单位长,即直径不得超过 2.50 单位长.

当用砂轮磨削一般工件的内表面时,也有类似的结论,即选用的砂轮的半径不应超过工件内表面的截线上各点处曲率半径中的最小值.

习题 3 – 7

A 组

1. 计算双曲线 $xy = 1$ 在点 $(1,1)$ 处的曲率.
2. 计算椭圆 $4x^2 + y^2 = 4$ 在点 $(0,2)$ 处的曲率.
3. 抛物线 $y = ax^2 + bx + c$ 上哪一点处的曲率最大?
4. 求抛物线 $y = x^2 - 4x + 3$ 在其顶点处的曲率.
5. 计算正弦曲线 $y = \sin x$ 在点 $\left(\frac{\pi}{2}, 1\right)$ 处的曲率.
6. 求抛物线 $y = x^2 + x$ 的弧微分及在点 $(0,0)$ 处的曲率.
7. 计算曲线 $y = x^3$ 在点 $(-1, -1)$ 处的曲率.

B 组

1. 若抛物线 $y = ax^2 + bx + c$ 在点 $x = 0$ 处与曲线 $y = e^x$ 相切且具有相同的曲率半径,试确定系数 a, b, c.
2. 求椭圆 $2x^2 + y^2 = 4$ 在点 $(0, 2)$ 及 $(\sqrt{2}, 0)$ 处的曲率半径.
3. 对数曲线 $y = \ln x$ 上哪一点处的曲率半径最小?求出该点处的曲率半径.
4. 求直线 $y = x + 3$ 上各点的曲率.
5. 求半径为 2 的圆周上任一点 $(x,,y)$ 的曲率.
6. 求抛物线 $y^2 = 2x$ 在点 $(2,,-2)$ 处的曲率.
7. 证明抛物线 $y = 4px (p > 0)$ 在点 $M(p, 2p)$ 处的曲率为 $K = \frac{1}{4\sqrt{2p}}$.

自测题三

1. 单项选择题:

(1) 函数 $y = x - \ln(1 + x)$ 的单调递减区间是( ).

    A. $(-1, +\infty)$ B. $(-1, 0)$ C. $(0, +\infty)$ D. $(-\infty, -1)$

(2)使可导函数 $y = f(x)$ 的一阶导数等于 0 的点是函数 $f(x)$ 的( ).
A. 顶点　　　　　　B. 驻点　　　　　　C. 极大值点　　　　D. 极小值点

(3)设成本函数为 $C(Q) = 9 + \dfrac{Q^2}{12}$,则生产 6 个单位产品时的边际成本是( ).
A. 1　　　　　　　　B. 2　　　　　　　　C. 6　　　　　　　　D. 12

(4)若函数 $f(x)$ 在 x 处可微,当 $\Delta x \to 0$ 时,$\Delta y - \mathrm{d}y$ 是关于 Δx 的( ).
A. 高阶无穷小　　　B. 等价无穷小　　　C. 低阶无穷小　　　D. 不能比较

(5)函数 $f(x) = x^3 - 3x + 1$ 在区间 $[-2, 0]$ 上的最大值是( ).
A. -2　　　　　　　B. 4　　　　　　　　C. 3　　　　　　　　D. 1

(6)罗尔定理的条件是其结论的( ).
A. 充分条件　　　　B. 必要条件　　　　C. 充要条件　　　　D. 无关条件

(7)若函数 $f(x) = x^2 + 2x$ 在区间 $[0, 1]$ 上满足拉格朗日中值定理条件,则定理中的 $\xi = ($ $)$.
A. $\pm\dfrac{1}{\sqrt{3}}$　　　　　　B. $\dfrac{1}{\sqrt{3}}$　　　　　　　C. $-\dfrac{1}{\sqrt{3}}$　　　　　　D. $\sqrt{3}$

2. 填空题:

(1)函数 $f(x) = x^3 - 3x^2 + 7$ 的极大值是_____,极小值是_____.

(2)$\lim\limits_{x \to +\infty} \dfrac{\ln(1 + \mathrm{e}^x)}{x} = $ _____; $\lim\limits_{x \to 0} \dfrac{1 - \cos x}{x^2} = $ _____.

(3)函数 $f(x) = \ln(1 + x^2)$ 在 $[-1, 2]$ 上的最大值是_____,最小值是_____.

(4)设收益函数为 $R(Q) = 150Q - 0.01Q^2$(元),当产量 $Q = 100$ 时,边际收益为_____.

(5)函数 $f(x) = ax^2 - 4x + 4$ 在 $x = 2$ 处取得极值,则 $a = $ _____.

(6)当 $x = $ _____时,函数 $y = x \cdot 2^x$ 取得极小值.

(7)设 $f(x) = x^3 - 5x^2 + x - 2$ 在 $[-1, 1]$ 上满足拉格朗日定理,$\xi = $ _____.

(8)函数 $f(x) = (x-1)(x-2)(x-3)$ 在区间 $[1, 2]$ 和 $[2, 3]$ 上满足罗尔定理,则方程 $f'(x) = 0$ 有_____个实根.

3. 求下列极限:

(1) $\lim\limits_{x \to 0} \dfrac{x(\mathrm{e}^x + 1) - 2(\mathrm{e}^x - 1)}{x^3}$;　　(2) $\lim\limits_{x \to 0} \left(\dfrac{1}{\ln(x+1)} - \dfrac{1}{x} \right)$;

(3) $\lim\limits_{x \to 0} \dfrac{1 - \cos x}{\ln(1 + x) - x}$;　　(4) $\lim\limits_{x \to +\infty} \dfrac{x^{10}}{\mathrm{e}^x}$.

4. 把一根直径为 d 的圆木锯成截面为矩形的横梁,已知梁的抗弯强度与矩形的宽成正比,又与它的高的平方成正比,问宽和高如何选择能使横梁的抗弯强度最大?

5. 设生产某种商品的固定成本为 200 万元,每生产一个单位的商品,成本增加 5 元,已知需求函数为 $Q = 100 - 2P$,求:

(1)成本函数 $C(Q)$ 和收益函数 $R(Q)$ 的表达式;

(2)$Q = Q_0$ 时的边际成本和边际收益；
(3)使该产品利润最大的产量；
(4)最大利润.

阅读材料三

洛必达简介

洛必达(L'Hospital)是法国数学家,法国科学院院士.1661 年生于巴黎,1704 年 2 月 2 日卒于巴黎.

洛必达生于法国贵族家庭,他拥有圣梅特侯爵、昂特尔芒伯爵称号.青年时期一度任骑兵军官,因眼睛近视自行告退,转而从事学术研究.

洛必达很早就显示出其数学的才华,15 岁时就解决了帕斯卡所提出的一个摆线难题.

洛必达是莱布尼兹微积分的忠实信徒,并且是约翰·伯努利的高足,成功地解答过约翰·伯努利提出的"最速降线"问题.

洛必达豁达大度,气宇不凡.由于他与当时欧洲各国主要数学家都有交往,从而成为全欧洲传播微积分的著名人物.洛必达的最大功绩是撰写了世界上第一本系统的微积分教程——《阐明曲线的无穷小分析》.这部著作出版于 1696 年,后来多次修订再版,为欧洲大陆,特别是法国普及微积分起了重要作用.

这本书追随欧几里得和阿基米德古典范例,以定义和公理为出发点,全面阐述了变量、无穷小量、切线、微分等概念,这对传播新创建的微积分理论起了很大的作用.同时此书还得益于他的老师约翰·伯努利的著作,书中创造一种算法(洛必达法则),用以寻找满足一定条件的两函数之商的极限.洛必达于前言中向莱布尼茨和伯努利致谢,特别是约翰·伯努利.洛必达逝世之后,伯努利发表声明,称该法则及许多其他发现该归功于他.其经过是这样的,约翰·伯努利在 1691—1692 年间写了两篇关于微积分的短论,但未发表.不久以后,他答应为年轻的洛必达讲授微积分,定期领取薪金.作为答谢,他把自己的数学发现传授给洛必达,并允许他随时利用.于是洛必达根据约翰·伯努利的传授和未发表的论著以及自己的学习心得,撰写了该书.在书中第九章记载着约翰·伯努利在 1694 年 7 月 22 日告诉他的一个著名定理——洛必达法则,即求一个分式当分子和分母都趋于零时的极限的法则.后人误以为是他的发明,故洛必达法则之名沿用至今.

洛必达还写作过几何、代数及力学方面的文章.他亦计划写作一本关于积分学的教科书,但由于他过早去世,因此这本积分学教科书未能完成,而他遗留的手稿于 1720 年在巴黎出版,名为《圆锥曲线分析论》.

第四章 不定积分

在微分学中,我们讨论了求已知函数导数(或微分)的问题,本章将讨论它的逆问题,即已知一个函数的导数(或微分),求这个函数. 这种由函数的导数(或微分)求原来函数的问题是积分学的一个基本问题——不定积分. 本章将介绍不定积分的概念、性质、基本公式和几种求解方法及其应用.

第一节 不定积分的概念与性质

一、原函数的概念

定义1 设 $f(x)$ 是定义在区间 I 上的已知函数,如果存在一个可导的函数 $F(x)$,使得该区间内任意一点 x 都有
$$F'(x) = f(x) \quad \text{或} \quad \mathrm{d}F(x) = f(x)\mathrm{d}x,$$
则称函数 $F(x)$ 是 $f(x)$ 在该区间上的一个**原函数**.

例如,对于区间 $(-\infty, +\infty)$ 内的每一点,因为 $(x^2)' = 2x$,所以 x^2 就是 $2x$ 在区间 $(-\infty, +\infty)$ 内的一个原函数.

又如,因为 $(\sin x)' = \cos x$,所以 $\sin x$ 是 $\cos x$ 的一个原函数.

今后凡说到原函数,都是对某一区间而言的,不再一一说明.

不难验证 $\sin x + 1, \sin x + 2, \sin x + C$(其中 C 为任意常数)也都是 $\cos x$ 的原函数. 也就是说,如果一个函数的原函数存在,那么必有无数多个原函数.

关于原函数,我们有如下结论:

定理1 (原函数存在定理) 如果函数 $f(x)$ 在区间 I 上连续,则函数 $f(x)$ 在区间 I 上必有原函数 $F(x)$.

定理2 (原函数族定理) 如果函数 $f(x)$ 在区间 I 上有原函数 $F(x)$,则对于任意常数 C,$F(x) + C$ 也是 $f(x)$ 在区间 I 上的原函数,且 $f(x)$ 的任意两个原函数之差是常数.

证明 因为 $F(x)$ 是 $f(x)$ 的原函数,故有 $F'(x) = f(x)$,而 $(F(x) + C)' = F'(x) = f(x)$,所以 $F(x) + C$ 也是 $f(x)$ 的原函数.

又设 $G(x)$ 是 $f(x)$ 在区间 I 上的任意一个原函数,即有 $G'(x) = f(x)$,

由于 $\quad (G(x) - F(x))' = G'(x) - F'(x) = f(x) - f(x) \equiv 0,$

所以 $\quad G(x) - F(x) = C,$

即

$$G(x) = F(x) + C.$$

也就是说,函数 $f(x)$ 的任意一个原函数与 $F(x)$ 相差一个常数,故 $f(x)$ 的任意一个原函数都可表示成 $F(x)+C$ 的形式.

二、不定积分的定义

定义 2 函数 $f(x)$ 的全体原函数 $F(x)+C$ (C 为任意常数)称为 $f(x)$ 在区间 I 上的不定积分,记为 $\int f(x)\mathrm{d}x$,即

$$\int f(x)\mathrm{d}x = F(x) + C, \tag{4-1}$$

其中"$\int$"称为积分号,$f(x)$ 称为被积函数,$f(x)\mathrm{d}x$ 称为被积表达式,x 称为积分变量,C 为积分常数.

由定义 2 可知,求函数 $f(x)$ 的不定积分实际只需求出它的一个原函数 $F(x)$,再加上任意常数 C 即可.

例 1 求 $\int \sin x \mathrm{d}x$.

解 由于 $(-\cos x)' = \sin x$,所以 $-\cos x$ 是 $\sin x$ 的一个原函数,即

$$\int \sin x \mathrm{d}x = -\cos x + C.$$

例 2 求 $\int 3x^2 \mathrm{d}x$.

解 由于 $(x^3)' = 3x^2$,所以 x^3 是 $3x^2$ 的一个原函数,因此

$$\int 3x^2 \mathrm{d}x = x^3 + C.$$

例 3 求 $\int \frac{1}{x}\mathrm{d}x$.

解 当 $x>0$ 时,

$$(\ln|x|)' = (\ln x)' = \frac{1}{x};$$

当 $x<0$ 时,

$$(\ln|x|)' = [\ln(-x)]' = \frac{1}{-x}(-x)' = \frac{1}{x}.$$

所以

$$\int \frac{1}{x}\mathrm{d}x = \ln|x| + C.$$

当积分常数 C 取不同的值时,不定积分表示一族函数.

从几何上看,它们代表一族曲线,称为函数 $f(x)$ 的积分曲线族.其中任何一条积分曲线都可以由某一条积分曲线沿 y 轴向上或向下平移适当位置而得到;并且在这族积分曲线上横坐标相同的点处作切线,这些切线都是彼此平行的,其斜率都是 $f(x)$,如图 4-1 所示.

例 4 求过点 $(1,2)$，且任意一点处切线的斜率为 $2x$ 的曲线方程.

解 由 $\int 2x\mathrm{d}x = x^2 + C$ 得积分曲线族 $y = x^2 + C$，将 $x = 1, y = 2$ 代入该式，有 $2 = 1 + C$，得 $C = 1$. 所以 $y = x^2 + 1$ 是所求曲线方程.

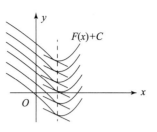

图 4 – 1

三、不定积分的性质

根据不定积分的定义可知积分与微分之间有如下关系：

性质 1 $\left(\int f(x)\mathrm{d}x\right)' = f(x)$ 或 $\mathrm{d}\int f(x)\mathrm{d}x = f(x)\mathrm{d}x$.

性质 2 $\int f'(x)\mathrm{d}x = f(x) + C$ 或 $\int \mathrm{d}f(x) = f(x) + C$.

此性质表明，积分与微分在运算上是互逆的. 例如：

$$\left(\int \sin x \mathrm{d}x\right)' = (-\cos x + C)' = \sin x,$$

$$\int \mathrm{d}(\sin x) = \int \cos x \mathrm{d}x = \sin x + C.$$

由导数的运算法则和不定积分的定义，容易验证不定积分有如下运算法则：

法则 1 不为零的常数因子可以提到积分号之前，即

$$\int kf(x)\mathrm{d}x = k\int f(x)\mathrm{d}x \ (常数\ k \neq 0).$$

例如，$\int 2\mathrm{e}^x \mathrm{d}x = 2\int \mathrm{e}^x \mathrm{d}x = 2\mathrm{e}^x + C$.

法则 2 两个函数代数和的不定积分等于它们不定积分的代数和，即

$$\int [f(x) \pm g(x)]\mathrm{d}x = \int f(x)\mathrm{d}x \pm \int g(x)\mathrm{d}x.$$

例如，$\int (2x + \cos x)\mathrm{d}x = \int 2x\mathrm{d}x + \int \cos x\mathrm{d}x$.

法则 2 可以推广到有限多个函数的代数和的情形，即

$$\int [f_1(x) \pm f_2(x) \pm \cdots \pm f_n(x)]\mathrm{d}x = \int f_1(x)\mathrm{d}x \pm \int f_2(x)\mathrm{d}x \pm \cdots \pm \int f_n(x)\mathrm{d}x$$

习题 4 – 1

A 组

1. 填空：

(1) _____ $' = 2x$；$\int 2x\mathrm{d}x =$ _____.

(2) _____ $' = \mathrm{e}^x$；$\int \mathrm{e}^x \mathrm{d}x =$ _____.

(3) d_____ = cos xdx; $\int \cos x dx$ = _____.

(4) _____′ = $\dfrac{1}{\sqrt{1-x^2}}$; $\int \dfrac{1}{\sqrt{1-x^2}} dx$ = _____.

(5) $\left(\int \sin^2 x dx\right)'$ = _____; $\int (\sec x)' dx$ = _____.

(6) 若 $f(x)$ 的一个原函数是 $\arcsin x$,则 $\int f(x) dx$ = _____.

(7) $\int f(x) dx = 2\sqrt{x} + C$,则 $f(x)$ = _____.

(8) $\int f(x) dx = x\ln x + C$,则 $\left(\int f(x) dx\right)'$ = _____.

(9) 若 $f(x)$ 的一个原函数是 $\sin x$,则 $\int f(x) dx$ = _____, $\int f'(x) dx$ = _____.

(10) 设 $f(x)$ 的一个原函数是 $\sqrt{x}$,则 $f(x)$ = _____,$f'(x)$ = _____.

(11) 设 $f(x)$ 的一个原函数是 $\dfrac{1}{x}$,则 $f(x)$ = _____, $\int f(x) dx$ = _____,

$\int f'(x) dx$ = _____.

(12) 若 $f(x) = x + \sqrt{x}$,则 $\int f'(x) dx$ = _____.

2. 验证函数 $F(x) = x(\ln x - 1)$ 是 $f(x) = \ln x$ 的一个原函数.

3. 验证下列各式是否成立:

(1) $\int 10^x dx = 10^x + C$; (2) $\int \ln x dx = \dfrac{1}{x} + C$;

(3) $\int x^3 dx = 3x^2 + C$; (4) $\int (\sin x + \cos x) dx = \sin x - \cos x + C$;

(5) $\int \dfrac{x}{\sqrt{x^2+2}} dx = \sqrt{x^2+2} + C$; (6) $\int (4x^3 + 3x^2 + 2) dx = x^4 + x^3 + 2x + C$.

4. 判断下列式子是否正确:

(1) $\dfrac{d}{dx}\left[\int f(x) dx\right] = f(x)$; (2) $\int f'(x) dx = f(x)$;

(3) $d\left[\int f(x) dx\right] = f(x)$; (4) $\int \dfrac{1}{ax+b} dx = \dfrac{1}{a} \ln(ax+b)$.

5. 求经过点 $(2,3)$,且切线斜率为 $3x^2$ 的曲线方程.

6. 求下列不定积分:

(1) $\int (x^4 + 2) dx$; (2) $\int \sec^2 x dx$;

(3) $\int 2\cos x dx$; (4) $\int \dfrac{1}{1+x^2} dx$;

(5) $\int (\sin x - 1) dx$; (6) $\int \left(2x + \dfrac{1}{\sqrt{1-x^2}}\right) dx$.

B 组

1. 在区间 (a,b) 中,如果 $f'(x) = g'(x)$,则下列各式中一定成立的是( ).

A. $f(x) = g(x)$ 　　　　　　　B. $f(x) = g(x) + 1$

C. $\left(\int f(x)dx\right)' = \left(\int g(x)dx\right)'$ 　　D. $\int f'(x)dx = \int g'(x)dx$

2. 已知 $f'(x) = 1 + x^2$,且 $f(0) = 1$,求 $f(x)$.

第二节　积分公式和直接积分法

一、基本积分公式

由于求不定积分是求导数的逆运算,所以由导数的基本公式对应地可以得到不定积分的基本公式,如表 4-1 所示。

表 4-1　不定积分与导数的基本公式

不定积分的基本公式 $\int f(x)dx = F(x) + C$	导数的基本公式 $F'(x) = f(x)$
(1) $\int 0 dx = C$	(1) $C' = 0$
(2) $\int dx = x + C$	(2) $x' = 1$
(3) $\int k dx = kx + C$ (k 为常数)	(3) $(kx)' = k$
(4) $\int x^\alpha dx = \dfrac{1}{\alpha+1} x^{\alpha+1} + C$ ($\alpha \neq -1$)	(4) $(x^n)' = nx^{n-1}$
(5) $\int e^x dx = e^x + C$	(5) $(e^x)' = e^x$
(6) $\int a^x dx = \dfrac{1}{\ln a} a^x + C$ ($a > 0$ 且 $a \neq 1$)	(6) $(a^x)' = a^x \ln a$ ($a > 0$ 且 $a \neq 1$)
(7) $\int \dfrac{1}{x} dx = \ln|x| + C$ ($x \neq 0$)	(7) $(\ln|x|)' = \dfrac{1}{x}$ ($x \neq 0$)
(8) $\int \cos x dx = \sin x + C$	(8) $(\sin x)' = \cos x$
(9) $\int \sin x dx = -\cos x + C$	(9) $(\cos x)' = -\sin x$
(10) $\int \sec^2 x dx = \tan x + C$	(10) $(\tan x)' = \sec^2 x$
(11) $\int \csc^2 x dx = -\cot x + C$	(11) $(\cot x)' = -\csc^2 x$
(12) $\int \sec x \tan x dx = \sec x + C$	(12) $(\sec x)' = \sec x \tan x$
(13) $\int \csc x \cot x dx = -\csc x + C$	(13) $(\csc x)' = -\csc x \cot x$
(14) $\int \dfrac{1}{\sqrt{1-x^2}} dx = \arcsin x + C$	(14) $(\arcsin x)' = \dfrac{1}{\sqrt{1-x^2}}$
(15) $\int \dfrac{1}{1+x^2} dx = \arctan x + C$	(15) $(\arctan x)' = \dfrac{1}{1+x^2}$

基本积分表中的公式是求积分运算的基础,一定要熟记.

二、直接积分法

利用不定积分的性质和基本积分公式,可以求出一些简单的函数的积分,通常把这种求不定积分的方法叫作**直接积分法**.

例 1 求 $\int x^3 \mathrm{d}x$.

解 $\int x^3 \mathrm{d}x = \dfrac{x^{3+1}}{3+1} + C = \dfrac{1}{4}x^4 + C.$

例 2 求 $\int (3x^2 - \cos x + 5\sqrt{x}) \mathrm{d}x$.

解 $\int (3x^2 - \cos x + 5\sqrt{x}) \mathrm{d}x = \int 3x^2 \mathrm{d}x - \int \cos x \mathrm{d}x + \int 5\sqrt{x} \mathrm{d}x$

$$= 3 \times \dfrac{x^{2+1}}{2+1} - \sin x + 5 \times \dfrac{x^{\frac{1}{2}+1}}{\frac{1}{2}+1} + C$$

$$= x^3 - \sin x + \dfrac{10}{3} x^{\frac{3}{2}} + C.$$

逐项求积分后,每个不定积分都含有任意常数,由于任意常数之和仍为任意常数,所以只需写一个任意常数 C 即可.

例 3 求 $\int \dfrac{(x-1)^3}{x^2} \mathrm{d}x$.

解 $\int \dfrac{(x-1)^3}{x^2} \mathrm{d}x = \int \dfrac{x^3 - 3x^2 + 3x - 1}{x^2} \mathrm{d}x$

$$= \int x \mathrm{d}x - 3 \int \mathrm{d}x + 3 \int \dfrac{1}{x} \mathrm{d}x - \int \dfrac{1}{x^2} \mathrm{d}x = \dfrac{1}{2} x^2 - 3x + 3\ln|x| + \dfrac{1}{x} + C.$$

在进行不定积分计算时,有时需要把被积函数做适当的恒等变形,再利用不定积分的性质及基本积分公式进行积分.

例 4 求 $\int \dfrac{x^2}{1+x^2} \mathrm{d}x$.

解 $\int \dfrac{x^2}{1+x^2} \mathrm{d}x = \int \dfrac{x^2 + 1 - 1}{1 + x^2} \mathrm{d}x = \int \mathrm{d}x - \int \dfrac{1}{1+x^2} \mathrm{d}x = x - \arctan x + C.$

例 5 求 $\int \dfrac{1}{\sin^2 x \cos^2 x} \mathrm{d}x$.

解 $\int \dfrac{1}{\sin^2 x \cos^2 x} \mathrm{d}x = \int \dfrac{\sin^2 x + \cos^2 x}{\sin^2 x \cos^2 x} \mathrm{d}x = \int \dfrac{1}{\cos^2 x} \mathrm{d}x + \int \dfrac{1}{\sin^2 x} \mathrm{d}x$

$$= \int \sec^2 x \mathrm{d}x + \int \csc^2 x \mathrm{d}x = \tan x - \cot x + C.$$

例6 求 $\int 2^x e^x dx$.

解 $\int 2^x e^x dx = \int (2e)^x dx = \dfrac{(2e)^x}{\ln 2e} + C = \dfrac{2^x e^x}{1 + \ln 2} + C.$

例7 求 $\int \tan^2 x dx$.

解 $\int \tan^2 x dx = \int (\sec^2 x - 1) dx = \int \sec^2 x dx - \int dx = \tan x - x + C.$

例8 求 $\int \sin^2 \dfrac{x}{2} dx$.

解 $\int \sin^2 \dfrac{x}{2} dx = \int \dfrac{1 - \cos x}{2} dx = \dfrac{1}{2} x - \dfrac{1}{2} \sin x + C.$

例9 已知物体以速度 $v = 2t^2 + 1 (\text{m/s})$ 沿 x 轴做直线运动,当 $t = 1$ s 时,物体经过的路程为 3 m,求物体的运动方程.

解 设物体的运动方程为 $x = x(t)$,于是有
$$x'(t) = v = 2t^2 + 1,$$

所以
$$x(t) = \int (2t^2 + 1) dt = \dfrac{2}{3} t^3 + t + C.$$

将已知条件 $t = 1$ s 时, $x = 3$ m 代入上式,得
$$3 = \dfrac{2}{3} + 1 + C,$$

即
$$C = \dfrac{4}{3}.$$

于是所求物体的运动方程为 $x(t) = \dfrac{2}{3} t^3 + t + \dfrac{4}{3}.$

习题 4−2

A 组

1. 填空题:

(1) $\int 2x dx = $ _____ ; $\int \sqrt{x} dx = $ _____ .

(2) $\int \dfrac{1}{x^2} dx = $ _____ ; $\int \dfrac{2}{\sqrt{1 - x^2}} dx = $ _____ .

2. 求下列不定积分:

(1) $\int (x^2 - x - 3) dx$;

(2) $\int \left(3x^2 - 2x + \dfrac{1}{\sqrt{x}}\right) dx$;

(3) $\int (x - 1)(x + 1) dx$;

(4) $\int \dfrac{3^x + 2^x}{3^x} dx$;

(5) $\int \dfrac{(1-x)^2}{\sqrt{x}}\mathrm{d}x$;

(6) $\int \left(\sqrt{x} - \dfrac{1}{x^2} + \dfrac{1}{\cos^2 x}\right)\mathrm{d}x$;

(7) $\int (\mathrm{e}^x - 2\cos x)\mathrm{d}x$;

(8) $\int (10^x - \csc^2 x)\mathrm{d}x$;

(9) $\int \left(\mathrm{e}^x - \dfrac{1}{x}\right)\mathrm{d}x$;

(10) $\int \mathrm{e}^{x-3}\mathrm{d}x$;

(11) $\int \dfrac{x-4}{\sqrt{x}-2}\mathrm{d}x$;

(12) $\int \dfrac{3x^4 + 3x^2 + 1}{1+x^2}\mathrm{d}x$;

(13) $\int \left(\dfrac{2}{1+x^2} - \dfrac{3}{\sqrt{1-x^2}}\right)\mathrm{d}x$;

(14) $\int \cot^2 x \,\mathrm{d}x$;

(15) $\int \cos^2 \dfrac{x}{2}\mathrm{d}x$;

(16) $\int \dfrac{\sin x}{\cos^2 x}\mathrm{d}x$;

(17) $\int \dfrac{1}{1+\cos 2x}\mathrm{d}x$;

(18) $\int \sec x(\sec x - \tan x)\mathrm{d}x$.

3. 已知某函数的导数是 $x-3$,又知当 $x=2$ 时,函数值等于 9,求此函数.

4. 已知某曲线经过点 $(4,3)$,并知曲线上每一点处切线的斜率为 $k = \dfrac{1}{2\sqrt{x}}$,求此曲线方程.

5. 一物体以速度 $v = 3t^2 + 4t$ (m/s) 做直线运动,当 $t = 2$ s 时,物体经过的路程 $s = 16$ m,试求这个物体的运动规律.

B 组

1. 计算下列不定积分:

(1) $\int \dfrac{(x+1)^2}{x(1+x^2)}\mathrm{d}x$;

(2) $\int \dfrac{1}{x^2(1+x^2)}\mathrm{d}x$;

(3) $\int \left(\dfrac{\sin x}{2} + \dfrac{1}{\sin^2 x}\right)\mathrm{d}x$;

(4) $\int \mathrm{e}^x\left(1 - \dfrac{\mathrm{e}^{-x}}{\sqrt{x}}\right)\mathrm{d}x$;

(5) $\int \dfrac{\cos 2x}{\cos x - \sin x}\mathrm{d}x$;

(6) $\int \dfrac{\cos 2x}{\sin^2 x \cos^2 x}\mathrm{d}x$.

2. 一曲线通过点 $(\mathrm{e}^2, 3)$,且在任一点处的切线的斜率等于该点横坐标的倒数,求该曲线的方程.

第三节　换元积分法

直接积分法只能求一些简单函数的不定积分,为解决更多的、较复杂的不定积分问题,还需进一步探讨求不定积分的其他方法.这一节,我们介绍换元积分法,它是利用中间变量的代换求复合函数积分的方法,简称换元法.

换元积分法又分为第一类换元积分法(凑微分法)和第二类换元积分法两种.

一、第一类换元积分法(凑微分法)

换元积分法是通过积分变量的变换,使所求的积分化为能直接利用基本积分公式和法则的形式.

例如,求 $\int \cos 2x \mathrm{d}x$ 与 $\int \cos x \mathrm{d}x$ 类似,基本积分公式 $\int \cos x \mathrm{d}x = \sin x + C$ 的特点是被积函数"cos"下的变量 x 与微分符号"d"下的变量 x 是相同的. 因此我们可以把被积表达式 $\cos 2x \mathrm{d}x$ 变形为 $\frac{1}{2}\cos 2x \mathrm{d}(2x)$ 的形式,此时"cos"下的变量 $2x$ 与微分符号"d"下的变量 $2x$ 是相同的,令 $2x = u$,把 u 看作新的积分变量求其原函数,之后再还原,则有

$$\int \cos 2x \mathrm{d}x = \frac{1}{2}\int \cos u \mathrm{d}u = \frac{1}{2}\sin u + C = \frac{1}{2}\sin 2x + C.$$

显然,上述积分法的关键是将被积表达式 $\cos 2x \mathrm{d}x$ 变形为 $\frac{1}{2}\cos 2x \mathrm{d}(2x)$,然后进行变量代换,使新变量的积分可直接利用基本积分公式求出.

一般的,若计算积分 $\int f[\varphi(x)]\varphi'(x)\mathrm{d}x = F[\varphi(x)] + C$,需要先找出中间变量 $u = \varphi(x)$,再将 $\varphi'(x)\mathrm{d}x$ "凑"微分 $\mathrm{d}\varphi(x)$,因此第一类换元积分法又叫作"凑微分"法. 用式子表示如下:

$$\int f[\varphi(x)]\varphi'(x)\mathrm{d}x \xrightarrow{\text{凑微分}} \int f[\varphi(x)]\mathrm{d}\varphi(x) \xrightarrow{\text{变量替换}} \int f(u)\mathrm{d}u = F(u) + C$$
$$\xrightarrow{\text{还原}} F[\varphi(x)] + C.$$

例 1 求 $\int \cos 3x \mathrm{d}x$.

解 由于 $\mathrm{d}(3x) = 3\mathrm{d}x$,所以可将 $\mathrm{d}x$ 凑成 $\frac{1}{3}\mathrm{d}(3x)$,则

$$\int \cos 3x \mathrm{d}x = \int \frac{1}{3}\cos 3x \mathrm{d}(3x) = \frac{1}{3}\int \cos 3x \mathrm{d}(3x)$$
$$\xrightarrow{\text{令 } u = 3x} \frac{1}{3}\int \cos u \mathrm{d}u = \frac{1}{3}\sin u + C = \frac{1}{3}\sin 3x + C.$$

例 2 求 $\int \frac{1}{3x+1}\mathrm{d}x$.

解 将 $\mathrm{d}x$ 凑为 $\frac{1}{3}\mathrm{d}(3x+1)$,则

$$\int \frac{1}{3x+1}\mathrm{d}x = \frac{1}{3}\int \frac{\mathrm{d}(3x+1)}{3x+1} \xrightarrow{\text{令 } u = 3x+1} \frac{1}{3}\int \frac{1}{u}\mathrm{d}u = \frac{1}{3}\ln|u| + C$$
$$= \frac{1}{3}\ln|3x+1| + C.$$

例 3 求 $\int 3x\mathrm{e}^{x^2}\mathrm{d}x$.

解 被积函数中含有 e^{x^2} 项,而 $x\mathrm{d}x = \mathrm{d}\frac{x^2}{2} = \frac{1}{2}\mathrm{d}x^2$,令 $x^2 = u$,则

$$\int 3xe^{x^2}dx = \frac{3}{2}\int e^{x^2}dx^2 = \frac{3}{2}\int e^u du = \frac{3}{2}e^u + C = \frac{3}{2}e^{x^2} + C.$$

例 4 求 $\int \frac{\cos\sqrt{x}}{\sqrt{x}}dx$.

解 因为 $\frac{1}{\sqrt{x}}dx = 2d\sqrt{x}$,令 $u = \sqrt{x}$,有

$$\int \frac{\cos\sqrt{x}}{\sqrt{x}}dx = 2\int \cos\sqrt{x}\,d\sqrt{x} = 2\int \cos u\,du = 2\sin u + C = 2\sin\sqrt{x} + C.$$

变量替换的目的是便于使用基本积分公式,当运算比较熟练时,就可以略去设中间变量的步骤. 如上例中的运算过程可以写成

$$\int \frac{\cos\sqrt{x}}{\sqrt{x}}dx = 2\int \cos\sqrt{x}\,d\sqrt{x} = 2\sin\sqrt{x} + C.$$

在解题中,我们不但要熟记不定积分基本公式和性质,还需要掌握一些常用的凑微分形式:

$dx = \frac{1}{a}d(ax) = \frac{1}{a}d(ax+b)$; $\qquad xdx = \frac{1}{2}dx^2 = \frac{1}{2a}d(ax^2+b)$;

$\frac{1}{x}dx = d\ln x$; $\qquad\qquad\qquad\qquad \frac{1}{\sqrt{x}}dx = 2d\sqrt{x}$;

$\cos x dx = d\sin x$; $\qquad\qquad\qquad \sin x dx = -d\cos x$;

$\sec^2 x dx = d\tan x$; $\qquad\qquad\qquad \csc^2 x dx = -d\cot x$;

$\frac{dx}{\sqrt{1-x^2}} = d\arcsin x$; $\qquad\qquad \frac{dx}{1+x^2} = d\arctan x$.

例 5 求 $\int \frac{1}{x(\ln x + 1)}dx$.

解 因为 $d\ln x = \frac{1}{x}dx$,所以

$$\int \frac{1}{x(\ln x + 1)}dx = \int \frac{d\ln x}{\ln x + 1} = \int \frac{d(\ln x + 1)}{\ln x + 1} = \ln|1 + \ln x| + C.$$

例 6 求 $\int \frac{1}{a^2 + x^2}dx \ (a > 0)$.

解 $\int \frac{1}{a^2 + x^2}dx = \int \frac{1}{a^2\left(1 + \frac{x^2}{a^2}\right)}dx = \frac{1}{a}\int \frac{d\frac{x}{a}}{1 + \left(\frac{x}{a}\right)^2} = \frac{1}{a}\arctan\frac{x}{a} + C.$

例 7 求 $\int \frac{1}{a^2 - x^2}dx$.

解 $\int \frac{1}{a^2 - x^2}dx = \int \frac{1}{(a+x)(a-x)}dx$

$$= \frac{1}{2a}\int \frac{(a+x)+(a-x)}{(a+x)(a-x)}dx = \frac{1}{2a}\int \left(\frac{1}{a-x} + \frac{1}{a+x}\right)dx$$

$$= \frac{1}{2a}\left(\int \frac{1}{a-x}dx + \int \frac{1}{a+x}dx\right) = \frac{1}{2a}(-\ln|a-x| + \ln|a+x|) + C$$

$$= \frac{1}{2a}\ln\left|\frac{a+x}{a-x}\right| + C.$$

类似地可得 $\int \frac{1}{x^2-a^2}dx = \frac{1}{2a}\ln\left|\frac{x-a}{x+a}\right| + C.$

例 8 求 $\int \frac{1}{\sqrt{a^2-x^2}}dx \ (a>0)$.

解 $\int \frac{1}{\sqrt{a^2-x^2}}dx = \int \frac{1}{a\sqrt{1-\left(\frac{x}{a}\right)^2}}dx = \int \frac{1}{\sqrt{1-\left(\frac{x}{a}\right)^2}}d\frac{x}{a} = \arcsin\frac{x}{a} + C.$

例 9 求 $\int \tan x dx$.

解 $\int \tan x dx = \int \frac{\sin x}{\cos x}dx$, 由于 $d\cos x = -\sin x dx$, 所以

$$\int \tan x dx = \int \frac{\sin x}{\cos x}dx = -\int \frac{d\cos x}{\cos x} = -\ln|\cos x| + C,$$

即 $\int \tan x dx = -\ln|\cos x| + C.$

类似地可以得到 $\int \cot x dx = \ln|\sin x| + C.$

例 10 求 $\int \csc x dx$.

解 $\int \csc x dx = \int \frac{1}{\sin x}dx = \int \frac{1}{2\sin\frac{x}{2}\cos\frac{x}{2}}dx = \int \frac{dx}{2\tan\frac{x}{2}\cos^2\frac{x}{2}}$

$$= \int \frac{\sec^2\frac{x}{2}}{\tan\frac{x}{2}}d\frac{x}{2} = \int \frac{d\tan\frac{x}{2}}{\tan\frac{x}{2}} = \ln\left|\tan\frac{x}{2}\right| + C.$$

由三角公式 $\tan\frac{x}{2} = \frac{1-\cos x}{\sin x} = \csc x - \cot x,$

所以 $\int \csc x dx = \ln|\csc x - \cot x| + C.$

类似地可得 $\int \sec x dx = \ln|\sec x + \tan x| + C.$

上面例题的结论,可以作为基本积分公式的补充,现归纳如下：

(1) $\int \tan x dx = -\ln|\cos x| + C;$

(2) $\int \cot x \, dx = \ln|\sin x| + C$;

(3) $\int \sec x \, dx = \ln|\sec x + \tan x| + C$;

(4) $\int \csc x \, dx = \ln|\csc x - \cot x| + C$;

(5) $\int \dfrac{1}{a^2 + x^2} dx = \dfrac{1}{a} \arctan \dfrac{x}{a} + C$;

(6) $\int \dfrac{1}{x^2 - a^2} dx = \dfrac{1}{2a} \ln \left| \dfrac{x-a}{x+a} \right| + C$;

(7) $\int \dfrac{1}{\sqrt{a^2 - x^2}} dx = \arcsin \dfrac{x}{a} + C$.

学习第一类换元积分法时,对如何适当地选择变换 $u = \varphi(x)$ 并没有一般的方法可循,需要在熟记基本积分公式的基础上,通过不断的练习,积累经验,才能做到运用自如.

二、第二类换元积分法

第一类换元积分法是将积分 $\int f[\varphi(x)]\varphi'(x)dx$,通过 $\varphi(x) = t$ 变换成 $\int f(t)dt$ 的形式,再利用积分公式进行计算.但有时也可将公式反过来使用,用一个新的变量 t 的函数 $\varphi(t)$ 去替代 x,即令 $x = \varphi(t)$,把积分 $\int f(x)dx$ 化成可以利用积分公式进行计算的形式.

例 11 求 $\int \dfrac{1}{1+\sqrt{x}} dx$.

解 因为被积函数含有根号,不容易凑微分,但只要引入新变量,除去根号,使被积函数有理化,就能简化积分. 令 $\sqrt{x} = t, x = t^2$,则 $dx = 2t dt$,于是有

$$\int \dfrac{1}{1+\sqrt{x}} dx = \int \dfrac{2t}{1+t} dt = 2\int \dfrac{1+t-1}{1+t} dt = 2\int \left(1 - \dfrac{1}{1+t}\right) dt = 2\int dt - 2\int \dfrac{1}{1+t} dt$$

$$= 2\int dt - 2\int \dfrac{1}{1+t} d(1+t) = 2t - 2\ln|1+t| + C.$$

再回代 $t = \sqrt{x}$,得

$$\int \dfrac{1}{1+\sqrt{x}} dx = 2[\sqrt{x} - \ln(1+\sqrt{x})] + C.$$

上例所用的方法称为第二类换元积分法,它主要解决带有根号的不定积分.使用第二类换元积分法的关键是如何选择函数 $x = \varphi(t)$,常见的方法有以下两种:

1. 代数代换

当被积函数含有 $\sqrt[n]{ax+b}$ 时,只需作代换 $\sqrt[n]{ax+b} = t$,就可以将根式化为有理式,然后再计算积分.

例 12 求 $\int \dfrac{x-2}{1+\sqrt[3]{x-3}} dx$.

解 被积函数中含有根式 $\sqrt[3]{x-3}$,为去掉根式可设 $t = \sqrt[3]{x-3}$,则 $t^3 = x - 3$, $\mathrm{d}x = 3t^2\mathrm{d}t$,所以

$$\int \frac{x-2}{1+\sqrt[3]{x-3}}\mathrm{d}x = \int \frac{t^3+3-2}{1+t}3t^2\mathrm{d}t = \int 3t^2 \frac{t^3+1}{t+1}\mathrm{d}t$$

$$= \int 3t^2(t^2-t+1)\mathrm{d}t = 3\left(\frac{1}{5}t^5 - \frac{1}{4}t^4 + \frac{1}{3}t^3\right) + C$$

$$= \frac{3}{5}\sqrt[3]{(x-3)^5} - \frac{3}{4}\sqrt[3]{(x-3)^4} + x - 3 + C.$$

例 13 求 $\displaystyle\int \frac{1}{\sqrt[3]{x} + \sqrt{x}}\mathrm{d}x$.

解 被积函数中含有 $\sqrt[3]{x}$ 和 $\sqrt{x}$ 两个根式,作变换 $x = t^6$,可同时将两个根号去掉,$\mathrm{d}x = 6t^5\mathrm{d}t$,则

$$\int \frac{\mathrm{d}x}{\sqrt[3]{x}+\sqrt{x}} = \int \frac{6t^5\mathrm{d}t}{t^2+t^3} = \int \frac{6t^3}{1+t}\mathrm{d}t = 6\int\left(t^2 - t + 1 - \frac{1}{1+t}\right)\mathrm{d}t$$

$$= 6\int(t^2 - t + 1)\mathrm{d}t - 6\int\frac{1}{1+t}\mathrm{d}t = 2t^3 - 3t^2 + 6t - 6\ln(t+1) + C$$

$$= 2\sqrt{x} - 3\sqrt[3]{x} + 6\sqrt[6]{x} - 6\ln(\sqrt[6]{x}+1) + C.$$

2. 三角代换

如果被积函数中含有

(1) $\sqrt{a^2 - x^2}$,可作代换 $x = a\sin t$;

(2) $\sqrt{x^2 - a^2}$,可作代换 $x = a\sec t$;

(3) $\sqrt{a^2 + x^2}$,可作代换 $x = a\tan t$.

以上三种变换统称为三角变换.

例 14 求 $\displaystyle\int \sqrt{a^2 - x^2}\mathrm{d}x \ (a > 0)$.

解 作变量代换 $x = a\sin t\left(-\dfrac{\pi}{2} \leqslant t \leqslant \dfrac{\pi}{2}\right)$,则

$$\sqrt{a^2 - x^2} = \sqrt{a^2 - a^2\sin^2 t} = a\sqrt{1-\sin^2 t} = a\cos t, \mathrm{d}x = a\cos t\mathrm{d}t.$$

$$\int \sqrt{a^2-x^2}\mathrm{d}x = \int a\cos t \cdot a\cos t\mathrm{d}t = a^2\int \cos^2 t\mathrm{d}t = a^2\int \frac{1+\cos 2t}{2}\mathrm{d}t$$

$$= \frac{a^2}{2}\left(t + \frac{1}{2}\sin 2t\right) + C$$

$$= \frac{a^2}{2}(t + \sin t\cos t) + C.$$

因为 $x = a\sin t$,所以 $t = \arcsin\dfrac{x}{a}$,为了将 $\sin t$ 与 $\cos t$ 替换成 x 的函数,根据变换 $\sin t = \dfrac{x}{a}$ 作直角三角形,如图 4-2 所示,这时显然有 $\cos t = \dfrac{\sqrt{a^2-x^2}}{a}$. 代入上面的结果有

$$\int \sqrt{a^2-x^2}\,dx = \frac{a^2}{2}\arcsin\frac{x}{a} + \frac{x}{2}\sqrt{a^2-x^2} + C.$$

例 15 求 $\int \dfrac{dx}{\sqrt{x^2-a^2}}\,(a>0)$.

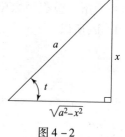

图 4-2

解 利用三角变换 $\sec^2 t - 1 = \tan^2 t$，令 $x = a\sec t\left(0<t<\dfrac{\pi}{2}\right)$，则 $dx = a\sec t\tan t\,dt$，于是有

$$\int \frac{dx}{\sqrt{x^2-a^2}} = \int \frac{a\sec t\tan t}{a\tan t}dt = \int \sec t\,dt = \ln|\sec t + \tan t| + C_1.$$

根据 $\sec t = \dfrac{x}{a}$，作辅助三角形，如图 4-3 所示，得

$$\int \frac{dx}{\sqrt{x^2-a^2}} = \ln|\sec t + \tan t| + C_1 = \ln\left|\frac{x}{a} + \frac{\sqrt{x^2-a^2}}{a}\right| + C_1$$

$$= \ln\left|x + \sqrt{x^2-a^2}\right| + C_1 - \ln a = \ln\left|x + \sqrt{x^2-a^2}\right| + C.$$

其中，$C = C_1 - \ln a$.

例 16 求 $\int \dfrac{dx}{\sqrt{x^2+a^2}}\,(a>0)$.

解 令 $x = a\tan t\left(-\dfrac{\pi}{2}<t<\dfrac{\pi}{2}\right)$，则 $dx = a\sec^2 t\,dt$，$\sqrt{x^2+a^2} = a\sec t$，于是

$$\int \frac{dx}{\sqrt{x^2+a^2}} = \int \frac{a\sec^2 t\,dt}{a\sec t} = \int \sec t\,dt = \ln|\sec t + \tan t| + C_1.$$

根据变换 $\tan t = \dfrac{x}{a}$ 作直角三角形，如图 4-4 所示，所以

$$\int \frac{dx}{\sqrt{x^2+a^2}} = \ln\left|\frac{\sqrt{x^2+a^2}}{a} + \frac{x}{a}\right| + C_1 = \ln\left|x + \sqrt{x^2+a^2}\right| + C.$$

其中，$C = C_1 - \ln a$.

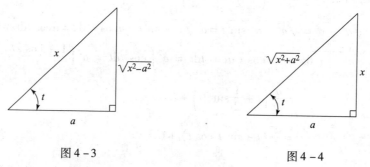

图 4-3 　　　　　　图 4-4

可见，第一类换元积分法应先进行凑微分，然后再换元，可省略换元过程，而第二类换元积分法必须先进行换元，但不可省略换元及回代过程，运算起来比第一类换元积分法更复杂。

习题 4-3

A 组

1. 选择题：

(1) 下列凑微分正确的是（　　）.

A. $\ln x \, dx = d\dfrac{1}{x}$ 　　　　B. $\dfrac{1}{\sqrt{1-x^2}} dx = d\arctan x$

C. $\dfrac{1}{x^2} dx = d\left(-\dfrac{1}{x}\right)$ 　　　　D. $\sqrt{x} \, dx = 2d\sqrt{x}$

(2) 若 $\int f(x) dx = F(x) + C$，则 $\int f(ax+b) dx = ($　　$)$.

A. $F(ax+b) + C$ 　　　　B. $aF(x) + C$

C. $\dfrac{1}{a} F(ax+b) + C$ 　　　　D. $\dfrac{1}{a} F(x) + C$

(3) 下列等式成立的是（　　）.

A. $e^{2x} dx = de^{2x}$ 　　　　B. $\dfrac{1}{x+1} dx = d\arctan \sqrt{x}$

C. $\arctan x \, dx = \dfrac{1}{1+x^2}$ 　　　　D. $\sec^2 x \, dx = d\tan x$

2. 填空题：

(1) $dx = $ _____ $d(1-2x)$；　　(2) $x \, dx = $ _____ $d(3x^2+4)$；

(3) $x^2 \, dx = $ _____ $d(2+3x^3)$；　　(4) $\dfrac{1}{x^2} dx = $ _____ $d\left(\dfrac{1}{x}+1\right)$；

(5) $\dfrac{1}{\sqrt{x}} dx = $ _____ $d(1-\sqrt{x})$；　　(6) $\dfrac{1}{x} dx = $ _____ $d(2\ln x + 3)$；

(7) $\sin \dfrac{x}{3} dx = $ _____ $d\cos \dfrac{x}{3}$；　　(8) $e^{-2x} dx = $ _____ de^{-2x}；

(9) $\dfrac{1}{\sin^2 3x} dx = $ _____ $d\cot 3x$；　　(10) $\dfrac{1}{\cos^2 \dfrac{x}{2}} dx = $ _____ $d\left(\tan \dfrac{x}{2}+1\right)$；

(11) $\dfrac{1}{1+9x^2} dx = $ _____ $d\arctan 3x$；

(12) $\dfrac{1}{\sqrt{1-4x^2}} dx = $ _____ $d\arcsin 2x$；

(13) $\dfrac{x}{\sqrt{x^2+a^2}} dx = $ _____ $\dfrac{1}{\sqrt{x^2+a^2}} d(x^2+a^2)$；

(14) $xe^{-2x^2}dx = $ _____ de^{-2x^2};

(15) 若 $\int f(x)dx = F(x) + C$，则 $\int f(2 - \cos x)\sin x dx = $ _____.

(16) 若 $F(x)$ 是 $f(x)$ 的原函数，则 $\int f(e^{-x} + 1)e^{-x}dx = $ _____.

3. 求下列不定积分：

(1) $\int (5 + 3x)^4 dx$；

(2) $\int \cos(2x - 6)dx$；

(3) $\int e^{2x-4}dx$；

(4) $\int a^{mx+n}dx (m \neq 0)$；

(5) $\int \dfrac{1}{\sqrt{2 - 5x}}dx$；

(6) $\int \sqrt{4 - 3x}dx$；

(7) $\int \dfrac{1}{3x - 1}dx$；

(8) $\int \sec^2 \dfrac{x}{3}dx$；

(9) $\int \dfrac{1}{\sqrt{4 - x^2}}dx$；

(10) $\int \dfrac{x}{\sqrt{4 + 25x^2}}dx$；

(11) $\int \dfrac{\sin\sqrt{x}}{\sqrt{x}}dx$；

(12) $\int \dfrac{e^{\sqrt{x}}}{\sqrt{x}}dx$；

(13) $\int e^x(2 - e^x)dx$；

(14) $\int \dfrac{e^x}{1 + e^x}dx$；

(15) $\int \dfrac{3^{\frac{1}{x}}}{x^2}dx$；

(16) $\int \dfrac{\sec^2 \dfrac{1}{x}}{x^2}dx$；

(17) $\int x\sqrt{1 + x^2}dx$；

(18) $\int \dfrac{x^2}{x^3 + 1}dx$；

(19) $\int \dfrac{\ln^2 x}{x}dx$；

(20) $\int \dfrac{1}{x(1 + \ln^2 x)}dx$；

(21) $\int \dfrac{\sqrt{1 + \ln x}}{x}dx$；

(22) $\int \dfrac{(\arctan x)^2}{1 + x^2}dx$；

(23) $\int \dfrac{1}{(x - 1)(x + 4)}dx$；

(24) $\int \dfrac{2x}{x^2 - 4x + 4}dx$；

(25) $\int \dfrac{1 - x}{\sqrt{9 - 4x^2}}dx$；

(26) $\int x\cos(2 - 3x^2)dx$；

(27) $\int (1 - \sin x)^2 \cos x dx$；

(28) $\int \dfrac{x}{\sin^2(1 + 2x^2)}dx$；

(29) $\int \dfrac{2\cot x + 3}{\sin^2 x}dx$；

(30) $\int \dfrac{1}{\cos^2 x \sqrt{\tan x - 1}}dx$.

4. 求下列不定积分：

(1) $\int \sin^2 x dx$；

(2) $\int \cos^2 2x dx$；

(3) $\int \sin^3 x \, dx$;

(4) $\int \cos^4 x \, dx$.

5. 求下列不定积分:

(1) $\int \dfrac{x}{\sqrt{x-2}} dx$;

(2) $\int x\sqrt{x+1} \, dx$;

(3) $\int \dfrac{1}{1+\sqrt{2x+1}} dx$;

(4) $\int \dfrac{1}{1+\sqrt[3]{x}} dx$;

(5) $\int \dfrac{\arctan\sqrt{x}}{\sqrt{x}(1+x)} dx$;

(6) $\int \dfrac{\sqrt{x}}{\sqrt{x}-1} dx$;

(7) $\int \dfrac{1}{\sqrt{1+x^2}} dx$;

(8) $\int \sqrt{1-x^2} \, dx$;

(9) $\int \dfrac{1}{\sqrt{(a^2-x^2)^3}} dx \, (a>0)$;

(10) $\int \dfrac{1}{x^2\sqrt{x^2-4}} dx$.

B 组

1. 求下列不定积分:

(1) $\int \dfrac{\sin 2x}{\sqrt{1+\sin^2 x}} dx$;

(2) $\int \dfrac{x+\arctan x}{1+x^2} dx$;

(3) $\int \tan^3 x \sec x \, dx$;

(4) $\int \sin 2x \cos 3x \, dx$;

(5) $\int \dfrac{10^{2\arccos x}}{\sqrt{1-x^2}} dx$;

(6) $\int \dfrac{1}{1+\sqrt{1-x^2}} dx$.

2. 若 $F(x)$ 是 $f(x)$ 的原函数, 求下列不定积分:

(1) $\int f(2\sin x) \cos x \, dx$;

(2) $\int f(1-x^2) x \, dx$;

(3) $\int \dfrac{f(\tan^2 x)}{\cos^2 x} \tan x \, dx$;

(4) $\int \dfrac{f(x)}{1+F^2(x)} dx$.

第四节 分部积分法

有一些积分如 $\int x\sin x \, dx, \int xe^x \, dx, \int x\ln x \, dx$ 等用换元法难以求解, 为此本节将利用两个函数乘积的求导公式, 推导出解决这类积分的基本方法——分部积分法.

设函数 $u=u(x), v=v(x)$ 具有连续导数, 由微分公式得

$$d(uv) = u\,dv + v\,du$$

或

$$d(uv) = uv'\,dx + vu'\,dx$$

移项、两边积分, 有

$$\int u\,dv = uv - \int v\,du \qquad (4-2)$$

或

$$\int uv'\,dx = uv - \int u'v\,dx \qquad (4-3)$$

式(4-2)或(4-3)称为分部积分公式,当计算 $\int u\,dv$ 有困难,而计算 $\int v\,du$ 较为容易时,分部积分公式就可以发挥作用了,下面举例来说明其应用.

例 1 求 $\int x\cos x\,dx$.

解 设 $u = x, dv = \cos x\,dx = d\sin x$,则 $du = dx, v = \sin x$.

由分部积分公式(4-2)得

$$\int x\cos x\,dx = \int x\,d\sin x = x\sin x - \int \sin x\,dx = x\sin x + \cos x + C.$$

例 2 求 $\int xe^{2x}\,dx$.

解 设 $u = x, dv = e^{2x}\,dx = d\left(\frac{1}{2}e^{2x}\right)$,则 $du = dx, v = \frac{1}{2}e^{2x}$.

由分部积分公式(4-2)得

$$\int xe^{2x}\,dx = \int x\,d\left(\frac{1}{2}e^{2x}\right) = \frac{1}{2}xe^{2x} - \frac{1}{2}\int e^{2x}\,dx = \frac{1}{2}xe^{2x} - \frac{1}{4}e^{2x} + C.$$

如果我们设 $u = e^{2x}, dv = x\,dx = d\left(\frac{1}{2}x^2\right)$,那么 $du = de^{2x}, v = \frac{1}{2}x^2$.

代入分部积分公式(4-2),得

$$\int xe^{2x}\,dx = \int e^{2x}\,d\left(\frac{1}{2}x^2\right) = \frac{1}{2}x^2e^{2x} - \frac{1}{2}\int x^2\,de^{2x} = \frac{1}{2}x^2e^{2x} - \int x^2 e^{2x}\,dx.$$

上式右端的不定积分比原来的不定积分更不容易求出.

由此可见,在使用分部积分法时,恰当地选取 u 与 dv(或 $v'dx$)是关键.选取 u 与 dv 一般要注意到以下两点:

(1) v 较容易凑出;

(2) 转换后的积分 $\int v\,du$ 要比原积分 $\int u\,dv$ 容易求出.

例 3 求 $\int \ln x\,dx$.

解 这里被积函数可看作 $\ln x$ 与 1 的乘积,设 $u = \ln x, dv = dx$,则

$$du = d\ln x = \frac{1}{x}dx, v = x,$$

$$\int \ln x\,dx = x\ln x - \int dx = x\ln x - x + C.$$

例 4 求 $\int x\arctan x\,dx$.

解 设 $u = \arctan x, \mathrm{d}v = x\mathrm{d}x = \mathrm{d}\left(\dfrac{1}{2}x^2\right)$,则

$$\mathrm{d}u = \mathrm{d}\arctan x = \dfrac{1}{1+x^2}\mathrm{d}x, v = \dfrac{1}{2}x^2,$$

$$\begin{aligned}\int x \arctan x \mathrm{d}x &= \int \dfrac{1}{2}\arctan x \mathrm{d}(x^2) = \dfrac{1}{2}x^2 \arctan x - \dfrac{1}{2}\int \dfrac{x^2}{1+x^2}\mathrm{d}x \\ &= \dfrac{1}{2}x^2 \arctan x - \dfrac{1}{2}\int \dfrac{1+x^2-1}{1+x^2}\mathrm{d}x \\ &= \dfrac{1}{2}x^2 \arctan x - \dfrac{1}{2}x + \dfrac{1}{2}\arctan x + C \\ &= \dfrac{1}{2}(x^2+1)\arctan x - \dfrac{1}{2}x + C.\end{aligned}$$

从以上四个例题可以看出,当被积函数是幂函数和三角函数、指数函数、对数函数、反三角函数相乘时,就可以考虑使用分部积分公式.

例 5 求 $\int \mathrm{e}^x \sin x \mathrm{d}x$.

解 设 $u = \sin x, \mathrm{d}v = \mathrm{e}^x\mathrm{d}x = \mathrm{d}\mathrm{e}^x$,则

$$\mathrm{d}u = \mathrm{d}\sin x = \cos x\mathrm{d}x, v = \mathrm{e}^x,$$

$$\int \mathrm{e}^x \sin x \mathrm{d}x = \int \sin x \mathrm{d}\mathrm{e}^x = \mathrm{e}^x \sin x - \int \mathrm{e}^x \mathrm{d}\sin x = \mathrm{e}^x \sin x - \int \mathrm{e}^x \cos x \mathrm{d}x.$$

等式右端的被积函数 $\int \mathrm{e}^x \cos x \mathrm{d}x$ 与等式左端 $\int \mathrm{e}^x \sin x \mathrm{d}x$ 的被积函数是同一类型的,对右端的积分式再用一次分部积分法,设法相同.设 $u = \cos x, \mathrm{d}v = \mathrm{e}^x\mathrm{d}x = \mathrm{d}\mathrm{e}^x$,则

$$\mathrm{d}u = \mathrm{d}\cos x = -\sin x\mathrm{d}x, v = \mathrm{e}^x,$$

于是有

$$\int \mathrm{e}^x \cos x \mathrm{d}x = \int \cos x \mathrm{d}\mathrm{e}^x = \mathrm{e}^x \cos x + \int \mathrm{e}^x \sin x \mathrm{d}x.$$

将 $\int \mathrm{e}^x \cos x \mathrm{d}x$ 代入上式,得

$$\int \mathrm{e}^x \sin x \mathrm{d}x = \mathrm{e}^x \sin x - \mathrm{e}^x \cos x - \int \mathrm{e}^x \sin x \mathrm{d}x,$$

移项得

$$2\int \mathrm{e}^x \sin x \mathrm{d}x = \mathrm{e}^x \sin x - \mathrm{e}^x \cos x + C_1,$$

所以

$$\int \mathrm{e}^x \sin x \mathrm{d}x = \dfrac{1}{2}\mathrm{e}^x(\sin x - \cos x) + C\left(C = \dfrac{C_1}{2}\right).$$

在积分运算过程中,有时需换元积分法与分部积分法兼用.

例 6 求 $\int \mathrm{e}^{\sqrt{x}}\mathrm{d}x$.

解 先用第二类换元法,再用分部积分法.

令 $\sqrt{x} = t, x = t^2$,则 $\mathrm{d}x = 2t\mathrm{d}t$,于是有

$$\int e^{\sqrt{x}}dx = 2\int te^t dt = 2\int t de^t = 2te^t - 2\int e^t dt = 2te^t - 2e^t + C,$$

代回原变量,得

$$\int e^{\sqrt{x}}dx = 2e^{\sqrt{x}}(\sqrt{x} - 1) + C.$$

习题 4-4

A 组

1. 求下列不定积分:

(1) $\int x\sin x dx$;

(2) $\int x\sec^2 x dx$;

(3) $\int x\sin(x+1)dx$;

(4) $\int x^2 \cos^2 \dfrac{x}{2} dx$;

(5) $\int x^2 e^x dx$;

(6) $\int xe^{-x} dx$;

(7) $\int x\ln(x-1)dx$;

(8) $\int \ln(1+x^2)dx$;

(9) $\int \arcsin x dx$;

(10) $\int \arctan x dx$;

(11) $\int e^x \cos x dx$;

(12) $\int e^{2x}\sin 3x dx$;

(13) $\int \cos\sqrt{x} dx$;

(14) $\int e^{\sqrt[3]{x}} dx$;

(15) $\int \sin(\ln x) dx$;

(16) $\int \ln(x+\sqrt{1+x^2})dx$.

2. 设 $F(x)$ 是 $f(x)$ 的一个原函数,求 $\int xf'(x)dx$.

3. 求 $\int xf''(1-x)dx$.

4. 已知 $f(x)$ 的一个原函数为 $\dfrac{\sin x}{x}$,证明 $\int xf'(x)dx = \cos x - \dfrac{2\sin x}{x} + C$.

B 组

求下列不定积分:

(1) $\int te^{-2t} dt$;

(2) $\int x\ln(x-1)dx$;

(3) $\int (x^2-1)\sin 2x dx$;

(4) $\int \dfrac{\ln^3 x}{x^2} dx$;

(5) $\int \cos\ln x dx$;

(6) $\int (\arcsin x)^2 dx$.

第五节 微分方程简介

微分方程是高等数学的一个重要组成部分,利用它可以解决许多几何、力学以及物理等方面的问题.本节仅介绍微分方程、解、特解等基本概念和常见的一些简单的微分方程的解法.

一、微分方程的概念

1. 引例

例 1 已知一曲线经过点 $A(1,2)$,且在曲线上任意一点 $M(x,y)$ 处的切线的斜率为 $2x$,求该曲线的方程.

解 设所求曲线的方程为 $y=f(x)$,依题意,$f(x)$ 应满足方程
$$\frac{dy}{dx}=2x,$$
即
$$dy=2xdx. \tag{1}$$
对式(1)两边积分,得
$$y=\int 2xdx = x^2+C, \tag{2}$$
将 $x=1$ 时,$y=2$ 代入式(2)得
$$2=1^2+C, C=1,$$
故所求的曲线方程为
$$y=x^2+1. \tag{3}$$

上面例子中出现的关系式(1)含有未知函数的导数.我们称这种方程为微分方程.

2. 微分方程的定义

定义 1 凡表示未知函数、未知函数的导数(或微分)与自变量之间的关系的方程叫作**微分方程**.

例如,
$$\frac{d^2y}{dx^2}+2x^2y=0, \tag{4}$$
$$\frac{d^3y}{dx^3}-2\frac{dy}{dx}+y=0 \tag{5}$$

都是微分方程,与式(1)不同的是,它们分别出现了未知函数的二阶和三阶导数.

定义 2 微分方程中所含未知函数的导数的最高阶数,称为微分方程的**阶**.

例如方程(1)是一阶微分方程,方程(4)是二阶微分方程,方程(5)是三阶微分方程.

在例 1 中将式(1)中的未知函数 y 用已知函数 $y=x^2+1$ 代替,则式(1)两边成为恒等式,我们可以把 $y=x^2+1$ 叫作方程(1)的一个解.

定义 3 如果把一个函数 $y=f(x)$ 代入微分方程后,使方程两边成为恒等式,那么就称这个函数为该微分方程的一个**解**.求微分方程解的过程,叫作解微分方程.

在例 1 中,式(2)和式(3)都是方程(1)的解.

如果微分方程的解中含有相互独立的任意常数,且任意常数的个数与微分方程的阶数相同,这样的解称为微分方程的**通解**.

例如,例1中式(2)是方程(1)的通解.

在例1中通过条件$x=1$时$y=2$确定了通解$y=x^2+C$中的常数$C=1$,这种确定任意常数的条件称为**初始条件**,可记作$y|_{x=1}=2$.

如果微分方程的解能满足某初始条件,并由此确定任意常数的值,这样的解称为微分方程的**特解**.

例如,例1中式(3)是方程(1)的特解.

例2 验证:函数 $x=c_1\cos kt+c_2\sin kt$ (6)

是微分方程
$$\frac{\mathrm{d}^2x}{\mathrm{d}t^2}+k^2x=0 \tag{7}$$

的通解.

解 所给函数的导数为
$$\frac{\mathrm{d}x}{\mathrm{d}t}=-kc_1\sin kt+kc_2\cos kt,$$

$$\frac{\mathrm{d}^2x}{\mathrm{d}t^2}=-k^2c_1\cos kt-k^2c_2\sin kt=-k^2(c_1\cos kt+c_2\sin kt).$$

把$\dfrac{\mathrm{d}^2x}{\mathrm{d}t^2}$及$x$代入方程(7)得

$$-k^2(c_1\cos kt+c_2\sin kt)+k^2(c_1\cos kt+c_2\sin kt)\equiv 0,$$

成为恒等式,因此,式(6)是方程(7)的通解.

二、可分离变量的微分方程

若一个一阶微分方程的形式为
$$\frac{\mathrm{d}y}{\mathrm{d}x}=f(x)g(y), \tag{8}$$

则称此方程为可分离变量的微分方程.

对可分离变量的微分方程的求解,可采用"分离变量""两边积分"的方法求得它的解.具体步骤:

(1)分离变量 $\dfrac{\mathrm{d}y}{g(y)}=f(x)\mathrm{d}x$;

(2)两边积分 $\displaystyle\int\frac{\mathrm{d}y}{g(y)}=\int f(x)\mathrm{d}x$;

(3)求出通解 $G(y)=F(x)+C$,其中$G(y),F(x)$分别是$g(y),f(x)$的原函数;

(4)求出特解.

若方程具有初始条件,则根据初始条件确定任意常数的值,得到满足初始条件的特解.

例3 求微分方程 $\dfrac{\mathrm{d}y}{\mathrm{d}x}=2xy$ 的通解.

解 分离变量,得
$$\dfrac{\mathrm{d}y}{y}=2x\mathrm{d}x,$$

两边积分,得
$$\int\dfrac{\mathrm{d}y}{y}=\int 2x\mathrm{d}x,$$

即
$$\ln|y|=x^2+C_1\ (C_1\ \text{为任意常数}).$$

于是 $|y|=\mathrm{e}^{x^2+C_1}=\mathrm{e}^{C_1}\mathrm{e}^{x^2}$,所以 $y=\pm\mathrm{e}^{C_1}\mathrm{e}^{x^2}$. 因为 e^{C_1} 仍是任意常数,把它记为 C,于是所求通解为 $y=C\mathrm{e}^{x^2}\ (C\neq 0)$.

例4 求方程 $xy^2\mathrm{d}x+(1+x^2)\mathrm{d}y=0$ 满足初始条件 $y|_{x=0}=1$ 的特解.

解 将方程写为
$$(1+x^2)\mathrm{d}y=-xy^2\mathrm{d}x,$$

分离变量,得
$$\dfrac{\mathrm{d}y}{y^2}=-\dfrac{x}{1+x^2}\mathrm{d}x,$$

两边积分,得
$$\int\dfrac{\mathrm{d}y}{y^2}=\int -\dfrac{x}{1+x^2}\mathrm{d}x,$$

$$\dfrac{1}{y}=\dfrac{1}{2}\ln(1+x^2)+C_1.$$

令 $C_1=\ln C\ (C>0)$,于是有
$$\dfrac{1}{y}=\ln C\sqrt{1+x^2},$$

即通解为
$$y=\dfrac{1}{\ln C\sqrt{1+x^2}}.$$

由初始条件 $y|_{x=0}=1$,可得 $C=\mathrm{e}$,所以,方程满足初始条件的特解为
$$y=\dfrac{1}{\ln\mathrm{e}\sqrt{1+x^2}}\quad\text{或}\quad y=\dfrac{1}{1+\ln\sqrt{1+x^2}}.$$

许多方程需要经过一定的整理、变形才能最终确定是否为可分离变量型的微分方程.

三、一阶线性微分方程

若微分方程的形式为
$$\dfrac{\mathrm{d}y}{\mathrm{d}x}+P(x)y=Q(x),\tag{9}$$

称为**一阶线性微分方程**,其中 $P(x)$ 和 $Q(x)$ 为已知函数.

当 $Q(x)=0$ 时,方程(9)变为
$$\dfrac{\mathrm{d}y}{\mathrm{d}x}+P(x)y=0,\tag{10}$$

称为一阶线性齐次微分方程.

下面讨论一阶线性微分方程的解法.

由于一阶线性齐次微分方程(10)是可分离变量的微分方程,分离变量得

$$\frac{dy}{y} = -P(x)dx,$$

两边积分得,
$$\ln y = -\int P(x)dx + C_1,$$

即
$$y = Ce^{-\int P(x)dx} \quad (C = e^{C_1}) \tag{4-4}$$

为方程(10)的通解,其中积分 $\int P(x)dx$ 仅表示 $P(x)$ 的一个原函数.

下面用常数变易法来求非齐次线性微分方程(9)的通解.

将式(4-4)中的常数 C 替换成函数 $C(x)$,并设 $y = C(x)e^{-\int P(x)dx}$ 是一阶非齐次线性方程(9)的解,代入方程(9)整理得

$$C'(x)e^{-\int P(x)dx} = Q(x),$$

即
$$C'(x) = e^{\int P(x)dx}Q(x),$$

两边积分得
$$C(x) = \int e^{\int P(x)dx}Q(x)dx + C.$$

将其代入 $y = C(x)e^{-\int P(x)dx}$,便得方程(10)的通解为

$$y = e^{-\int P(x)dx}\left[\int Q(x)e^{\int P(x)dx}dx + C\right] \tag{4-5}$$

或
$$y = Ce^{-\int P(x)dx} + e^{-\int P(x)dx}\int e^{\int P(x)dx}Q(x)dx. \tag{4-6}$$

以上我们利用常数变易法解出一阶线性非齐次微分方程的通解,由式(4-6)我们看到,一阶非齐次线性方程的通解等于对应的齐次线性方程的通解与非齐次线性方程的一个特解之和.

以上求解非齐次线性微分方程的方法称为**常数变易法**(或**参数变易法**),其步骤为:

(1)求出非齐次线性方程所对应的齐次线性方程的通解 y;

(2)将齐次线性方程的通解 y 中的常数 C 设为函数 $C(x)$,再将常数变易后的 y 代入原非齐次方程,使之变成含有 $C(x)$ 的微分方程;

(3)经积分后,得到 $C(x)$,从而构成原非齐次方程的通解.

例5 求微分方程 $xy' + y - \sin x = 0$ 的通解.

解 将方程写成
$$\frac{dy}{dx} + \frac{y}{x} = \frac{\sin x}{x}, \tag{11}$$

先求对应的齐次方程 $\frac{dy}{dx} + \frac{y}{x} = 0$ 的通解,得

$$\frac{dy}{y} = -\frac{dx}{x},$$

求积分 $\int \dfrac{dy}{y} = -\int \dfrac{dx}{x}$,得

$$\ln y = -\ln x + C_1,$$

即通解为 $y = \dfrac{C}{x}$,其中 $C_1 = \ln C$.

用常数变易法. 令 $C = C(x)$,则 $y = \dfrac{C(x)}{x}$,求导 $y' = C'(x)\dfrac{1}{x} - C(x)\dfrac{1}{x^2}$,将 y 和 y' 代入所给非齐次方程(11),得 $C'(x) = \sin x$,积分得 $C(x) = C - \cos x$,将 $C(x) = C - \cos x$ 代入 y 中,则所求方程的通解为

$$y = \dfrac{1}{x}(C - \cos x).$$

除了直接按常数变易法的步骤进行求解计算外,如果熟记解法所具有的公式化结果,也可直接套用公式得到通解.

例 6 求微分方程 $(1 + x^2)dy = (1 + 2xy + x^2)dx$ 满足初始条件 $y|_{x=0} = 1$ 的一个特解.

解 将方程写成 $$\dfrac{dy}{dx} - \dfrac{2x}{1+x^2}y = 1,$$

此方程为一阶线性微分方程,其中 $P(x) = -\dfrac{2x}{1+x^2}, Q(x) = 1$.

$$y_1 = e^{-\int P(x)dx} = e^{\int \frac{2x}{1+x^2}dx} = 1 + x^2,$$

计算积分 $$\int Q(x) e^{\int P(x)dx} dx = \int \dfrac{1}{1+x^2} dx = \arctan x,$$

所以原方程的通解为 $$y = C(1 + x^2) + (1 + x^2)\arctan x.$$

将初始条件 $y|_{x=0} = 1$ 代入上式可得 $C = 1$. 所以,所求特解为

$$y = (1 + x^2)(\arctan x + 1).$$

在利用式(4-6)解一阶线性微分方程时,注意到 $e^{-\int P(x)dx}$ 与 $\int Q(x)e^{\int P(x)dx}dx$ 中的 $e^{\int P(x)dx}$ 互为倒数,可使计算更为简便.

四、几类特殊的高阶方程

1. $y^{(n)} = f(x)$ 型

方程 $$y^{(n)} = f(x) \tag{12}$$

的解可通过逐次积分得到.

例 7 解方程 $y''' = x + e^{2x}$.

解 对方程两边逐次积分:

$$y'' = \dfrac{1}{2}x^2 + \dfrac{1}{2}e^{2x} + C_1$$

$$y' = \frac{1}{6}x^3 + \frac{1}{4}e^{2x} + C_1 x + C_2,$$

$$y = \frac{1}{24}x^3 + \frac{1}{8}e^{2x} + \frac{1}{2}C_1 x^2 + C_2 x + C_3,$$

或 $$y = \frac{1}{24}x^3 + \frac{1}{8}e^{2x} + C'_1 x^2 + C_2 x + C_3 \quad \left(C'_1 = \frac{1}{2}C_1\right).$$

2. $y'' = f(x, y')$ 型

方程 $$y'' = f(x, y') \tag{13}$$

中不显含未知函数 y, 此方程只要作变换 $y' = p(x)$, 则 $y'' = p'$. 将其代入式(13)可得

$$p' = f(x, p).$$

此式以 $p(x)$ 为未知函数的一阶微分方程, 若可求得其解为 $p = \varphi(x, C_1)$, 即 $y' = \varphi(x, C_1)$, 则原方程的通解为

$$y = \int \varphi(x, C_1) \, dx + C_2.$$

例8 解方程 $y'' = \dfrac{2xy'}{1 + x^2}$.

解 设 $y' = p(x)$, 则 $y'' = p'$, 将其代入方程后可得 $p' = \dfrac{2xp}{1 + x^2}$.

此方程为可分离变量方程, 分离变量得 $\dfrac{dp}{p} = \dfrac{2x}{1 + x^2} dx$,

解得其通解为 $$p = C_1(1 + x^2),$$

从而有 $y' = C_1(1 + x^2)$, 再积分可得原方程的通解为

$$y = C_1\left(x + \frac{1}{3}x^3\right) + C_2.$$

习题 4 – 5

A 组

1. 指出下列微分方程的阶数:

(1) $y'' + 3y' - 2y = e^x$;　　(2) $\left(\dfrac{dy}{dx}\right)^2 + \left(\dfrac{dy}{dx}\right)^3 + xy = 1 + x^2$;

(3) $\dfrac{d(xy')}{dx} = xy$;　　(4) $\dfrac{ds}{dt} + 2s = \cos t$.

2. 验证下列函数是否为所给方程的解:

(1) $y'' + 4y = 0$, 　　　　　$y = 2\cos 2x - 5\sin 2x$;

(2) $y'' + (y')^2 + 1 = 0$, 　　$y = \ln\cos(x - a) + b$;

(3) $\dfrac{dy}{dx} = y$, $\quad y = Ce^x$（C 是常数）；

(4) $y' = 2xy$, $\quad y = 2e^{x^2}$，满足初始条件 $y|_{x=0} = 2$.

3. 求下列微分方程的通解：

(1) $dy + y\cos x\,dx = 0$；　　　　(2) $(1 + e^x)y^2 y' = e^x$；

(3) $y' + y = 3x$；　　　　(4) $y' + \dfrac{1-2x}{x^2}y = 1$.

4. 求下列微分方程满足初始条件的特解：

(1) $\dfrac{dy}{dx} = -\dfrac{x}{y}$, $y|_{x=4} = 0$；　　　(2) $y' = e^{x-y}$, $y|_{x=0} = 2$；

(3) $\sin y\cos x\,dy = \cos y\sin x\,dx$, $y|_{x=0} = \dfrac{\pi}{4}$；　　　(4) $y' - 2y = e^x - x$, $y|_{x=0} = \dfrac{5}{4}$.

5. 解下列微分方程：

(1) $y''' = e^x - \sin x$；　　　　(2) $xy'' - y' = 0$；

(3) $y'' - xe^x = 0$；　　　　(4) $(y'')^2 - y' = 0$.

B 组

1. 求下列微分方程的通解：

(1) $y\,dx + (x^2 - 4x)\,dy = 0$；　　(2) $(e^{x+y} - e^x)\,dx + (e^{x+y} + e^y)\,dy = 0$.

2. 用适当的变量代换将下列方程化为可分离变量的方程，然后求出通解：

(1) $\dfrac{dy}{dx} = (x + y)^2$；　　　　(2) $xy' + y = y(\ln x + \ln y)$.

自测题四

1. 填空题：

(1) 如果 $\int f(x)\,dx = F(x) + C$，那么 $\int f(1 + 2x)\,dx = $ _____.

(2) 如果 $\int f(x)\,dx = \dfrac{1}{1+x^2} + C$，那么 $\int f(\sin x)\cos x\,dx = $ _____.

(3) $\int \dfrac{2}{1+x^2}\,dx = $ _____；$\int \dfrac{2x}{1+x^2}\,dx = $ _____.

(4) $\int \cos x \sin^2 x\,dx = \int \sin^2 x\,d$ _____ = _____.

(5) $\int \dfrac{1}{2-3x}\,dx = $ _____ $\int \dfrac{1}{2-3x}\,d(2-3x) = $ _____.

(6) $\int \dfrac{\ln 3x}{x}\,dx = \int \ln 3x\,d$ _____ = _____.

(7) $\int e^{f(x)} f'(x) dx = $ _____.

(8) $\int x e^{-2x} dx = $ _____ $\int x d(e^{-2x}) = $ _____.

2. 选择题：

(1) 函数 $\cos \dfrac{\pi}{2} x$ 的一个原函数是（　　）.

A. $\dfrac{2}{\pi} \sin \dfrac{\pi}{2} x$　　　　B. $\dfrac{\pi}{2} \sin \dfrac{\pi}{2} x$　　　　C. $\dfrac{2}{\pi} \sin \dfrac{x}{2}$　　　　D. $\dfrac{\pi}{2} \sin \dfrac{2}{\pi} x$

(2) 若 $\int f(x) dx = e^{2x} + e^{-2x} + C$，则 $f(x) = $（　　）.

A. $e^{2x} + e^{-2x}$　　　　B. $e^{2x} - e^{-2x}$　　　　C. $2e^{2x} + 2e^{-2x}$　　　　D. $2e^{2x} - 2e^{-2x}$

(3) 若 $f(x)$ 的一个原函数为 $\cos x$，则 $\int f'(x) dx = $（　　）.

A. $\sin x + C$　　　　B. $-\sin x + C$　　　　C. $\cos x + C$　　　　D. $-\cos x + C$

(4) 若 $f(x)$ 的一个原函数为 $\dfrac{1}{x}$，则 $f'(x) = $（　　）.

A. $\ln |x|$　　　　B. $\dfrac{1}{x}$　　　　C. $-\dfrac{1}{x^2}$　　　　D. $\dfrac{2}{x^3}$

(5) 下列等式成立的是（　　）.

A. $\int x^{\alpha} dx = \dfrac{1}{\alpha + 1} x^{\alpha+1} + C$　　　　B. $\int \arctan x dx = \dfrac{1}{1 + x^2} + C$

C. $\int \sin x dx = \cos x + C$　　　　D. $\int a^x dx = \dfrac{a^x}{\ln x} + C$

(6) $\int f'\left(\dfrac{1}{x}\right) \dfrac{1}{x^2} dx = $（　　）.

A. $f\left(-\dfrac{1}{x}\right) + C$　　　B. $-f\left(-\dfrac{1}{x}\right) + C$　　　C. $-f\left(\dfrac{1}{x}\right) + C$　　　D. $f\left(\dfrac{1}{x}\right) + C$

(7) $\int \dfrac{1}{\sqrt{1 - 4x^2}} dx = $（　　）.

A. $\arcsin 2x + C$　　　B. $\arcsin \dfrac{x}{2} + C$　　　C. $\dfrac{1}{2} \arcsin 2x + C$　　　D. $2\arcsin \dfrac{x}{2} + C$

(8) 设 $f(x) = e^{-x}$，则 $\int \dfrac{f'(\ln x)}{x} dx = $（　　）.

A. $-\dfrac{1}{x} + C$　　　　B. $\dfrac{1}{x} + C$　　　　C. $-\ln x + C$　　　　D. $\ln x + C$

(9) 下列微分方程是可分离变量的是（　　）.

A. $\dfrac{dy}{dx} = \sqrt{x - y}$　　　　　　　　B. $y' - \sin x \cos y = 0$

C. $y' = \ln xy^2$
D. $\dfrac{dy}{dx} + x^2 y = 2x$

3. 求下列各积分：

(1) $\displaystyle\int \dfrac{x^2}{x-2} dx$;

(2) $\displaystyle\int \dfrac{x}{(1+x)^3} dx$;

(3) $\displaystyle\int \dfrac{e^{2x} - 1}{e^x + 1} dx$;

(4) $\displaystyle\int \dfrac{\cos x}{3 + 4\sin x} dx$;

(5) $\displaystyle\int \dfrac{\tan x}{\cos^2 x} dx$;

(6) $\displaystyle\int (x-1) e^x dx$;

(7) $\displaystyle\int x^2 \ln x\, dx$.

4. 解下列微分方程：

(1) $dy = x(2y dx - x dy)$;

(2) $y' - 2y = e^x$;

(3) $3x^2 + 5x - 5y' = 0$;

(4) $\dfrac{dy}{dx} = 10^{x+y}$.

阅读材料四

微积分学发明之争

18 世纪时，人们普遍认为牛顿才是微积分的创始者，莱布尼茨提出的微积分理论是剽窃牛顿的，他充其量只是设计出各种简便的运算符号而已。现有新的考证，1674 年，莱布尼茨早已经将微积分的部分解法记录在案，当然这些算式还没有成为一门学科，只是叙述一些想法。此时莱布尼茨与在皇家学会任职的数学家奥尔登博格交流，谈到自己在无穷级数方面的研究时，奥尔登博格曾对他说："关于这方面，牛顿已经得到重要结论，也公开发表了。"于是莱布尼茨拜托奥尔登博格帮忙，取得牛顿的研究论文，牛顿的信件分别于 1676 年 6 月 13 日及 10 月 24 日寄到奥尔登博格手中。可这两封信，一封只写着和流动量及流动率相关的方程，另一封则探讨切线的相关定理，因此莱布尼茨是不可能从这两封信中得到关于微积分的任何启发的。

1677 年 6 月 21 日，莱布尼茨写了一封信给牛顿，内容除了说明自己的微积分学说外，同时介绍了自创的数学符号 dx 和 dy 的用法，并附上了许多例题和解法。后来，牛顿在其大作《自然哲学的数学原理》第一版中说："10 年前，我与赫赫有名的几何学者莱布尼茨通信时候，曾经将极大值、极小值的定义及其计算切线的方法原原本本告诉他，这位知名的人物回信说他也想到和我一样的方法，而且他也在信中详细写下了他的想法，他的方法除了用语和符号和我的不同外，其他几乎都一样。"

然而，到了 1704 年，牛顿出版了《光学》一书，并在附录里面以《曲线的求积法》为题，收录了微积分的相关论文，但莱布尼茨却在他主导的杂志《学术纪事》里，匿名抨击牛顿的微积分论文.因此,苏格兰数学家约翰凯尔,在 **1708** 年寄了一份书面声明给皇家学会,指出:莱布尼茨的微积分理论内容是剽窃牛顿的理论得来的.同时也寄了一封厚厚的信说明事情的来龙去脉,莱布尼茨再也不能坐视不理,于是向皇家学会提出审判此事的诉讼.最后判决内容大致为:微积分虽然是牛顿发明的,但不能因此断定莱布尼茨发表的微积分剽窃自牛顿.然而,不论是委员会的态度还是判决书的整体精神,都对莱布尼茨充满敌意,此事在国际舆论中产生很大纷争.

现在,大部分人都接受这样的结论:牛顿确实比莱布尼茨更早发明微积分学,但是莱布尼茨所使用的符号及计算方式都比牛顿更为简便,更有助于微积分的发展,莱布尼茨在独立发明微积分学的过程中是否从牛顿的书信里面得到启发,这已经不可考据,但莱布尼茨的微积分学绝非剽窃,这项重大的发现是两人各自独立思考出来的.微积分学之争有了一个结论.微积分学可以应用在所有的科学文明领域,因此数学史学家将微积分的发明标记为近代数学和古典数学的分界线.

第五章 定积分及其应用

定积分是积分学的另一个重要概念. 本章将重点讨论定积分的计算方法以及定积分在几何、物理及经济分析中的简单应用.

第一节 定积分的概念与性质

一、两个实例

1. 曲边梯形的面积

定义 1 设函数 $y=f(x)(f(x)\geq 0)$ 在闭区间 $[a,b]$ 上连续,由曲线 $y=f(x)$,直线 $x=a,x=b$ 及 x 轴所围成的平面图形称为曲边梯形(见图 5-1).

由于函数 $f(x)$ 在区间 $[a,b]$ 上是一条变化的曲线,因此曲边梯形的面积就不能用初等数学中的求面积公式计算. 但是,函数 $f(x)$ 在区间 $[a,b]$ 上是连续的,当 x 变化不大时,$f(x)$ 变化也不大,因此将区间 $[a,b]$ 分割成若干小区间,相应地把整个曲边梯形分割成若干小曲边梯形,而每一个小曲边梯形都可以近似地看成小矩形,所有的小矩形面积之和,就是整个曲边梯形面积的近似值. 显然,分割越细,近似程度就越高,当这种分割无限加细,最长的小区间长度趋于零时,所有小矩形面积之和的极限值就是我们要求的曲边梯形的面积.

我们把曲边梯形的面积记作 A,根据上述分析,可按下面四个步骤计算曲边梯形的面积,如图 5-2 所示.

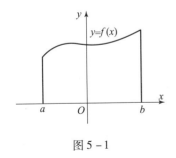

图 5-1

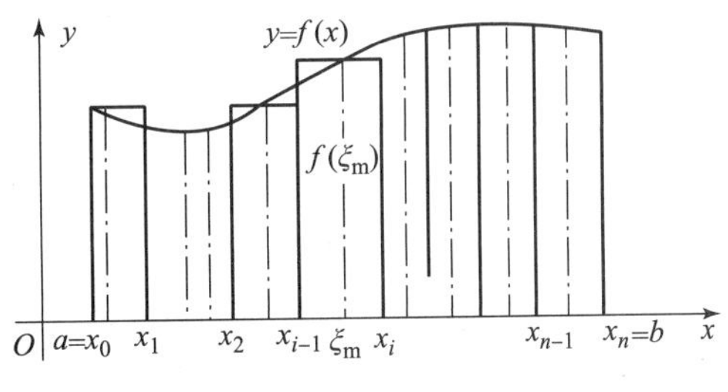

图 5-2

(1) 分割:在区间 $[a,b]$ 内任意插入 $n-1$ 个分点
$$a=x_0<x_1<x_2<\cdots<x_{i-1}<x_i<\cdots<x_{n-1}<x_n=b,$$
把区间 $[a,b]$ 分成 n 个小区间
$$[x_0,x_1],[x_1,x_2],\cdots,[x_{i-1},x_i],\cdots,[x_{n-1},x_n],$$

小区间 $[x_{i-1}, x_i]$ 的长度记为

$$\Delta x_i = x_i - x_{i-1} \quad (i = 1, 2, \cdots, n).$$

过每一个分点作平行于 y 轴的直线,它们把曲边梯形分成 n 个小曲边梯形,其中第 i 个小曲边梯形的面积记为 $\Delta A_i (i = 1, 2, \cdots, n)$.

(2)取近似:在每个小区间 $[x_{i-1}, x_i]$ 上任取一点 $\xi_i (x_{i-1} \leq \xi_i \leq x_i)$,以 $f(\xi_i)$ 为高(长), Δx_i 为底(宽)作小矩形,用第 i 个小矩形面积 $f(\xi_i) \Delta x_i$ 近似代替第 i 个小曲边梯形的面积 ΔA_i,即

$$\Delta A_i \approx f(\xi_i) \Delta x_i \quad (i = 1, 2, \cdots, n).$$

(3)求和:把 n 个小矩形的面积加起来,得和式

$$f(\xi_1) \Delta x_1 + f(\xi_2) \Delta x_2 + \cdots + f(\xi_n) \Delta x_n = \sum_{i=1}^{n} f(\xi_i) \Delta x_i,$$

该和式就是曲边梯形面积 A 的近似值,即

$$A = \sum_{i=1}^{n} \Delta A_i \approx \sum_{i=1}^{n} f(\xi_i) \Delta x_i.$$

(4)取极限:记最长的小区间长度为 $\lambda (\lambda = \max\{\Delta x_1, \Delta x_2, \cdots, \Delta x_n\})$, $\lambda \to 0$ 时,若和式极限存在,这个极限值就是曲边梯形的面积 A,即

$$A = \lim_{\lambda \to 0} \sum_{i=1}^{n} f(\xi_i) \Delta x_i$$

2. 变速直线运动的路程

设物体做变速直线运动,速度 $v = v(t) (v(t) \geq 0)$ 是时间间隔 $[T_1, T_2]$ 上的连续函数,其运动的路程显然不能直接使用匀速直线运动的路程公式计算. 但在一段很短的时间内速度的变化很小,近似于匀速,因此我们可以采用求曲边梯形面积的方法来求物体在时间 $[T_1, T_2]$ 内的路程.

具体计算的步骤如下:

(1)在时间间隔 $[T_1, T_2]$ 内任意插入若干分点

$$T_1 = t_0 < t_1 < t_2 < \cdots < t_{i-1} < t_i < \cdots < t_{n-1} < t_n = T_2,$$

把区间 $[T_1, T_2]$ 分成 n 个小时间段

$$[t_0, t_1], [t_1, t_2], \cdots, [t_{i-1}, t_i], \cdots, [t_{n-1}, t_n],$$

第 i 个小时间段 $[t_{i-1}, t_i]$ 的长度记为 $\Delta t_i = t_i - t_{i-1} (i = 1, 2, \cdots, n)$,物体在第 i 段时间 $[t_{i-1}, t_i]$ 内所走的路程记为 $\Delta s_i (i = 1, 2, \cdots, n)$.

(2)在每个小区间 $[t_{i-1}, t_i]$ 上,用任一时刻 ξ_i 的速度 $v(\xi_i) (t_{i-1} \leq \xi_i \leq t_i)$ 来近似代替各点变化的速度 $v(t_i)$,从而得到 Δs_i 近似值,即

$$\Delta s_i \approx v(\xi_i) \Delta t_i \quad (i = 1, 2, 3, \cdots, n).$$

(3)把这 n 个小时间段上的路程近似值相加,即得变速直线运动路程的近似值:

$$s \approx v(\xi_1)\Delta t_1 + v(\xi_2)\Delta t_2 + \cdots + v(\xi_n)\Delta t_n = \sum_{i=1}^{n} v(\xi_i)\Delta t_i.$$

(4) 记 $\lambda = \max\{\Delta t_1, \Delta t_2, \cdots, \Delta t_n\}$，当 $\lambda \to 0$ 时，取上述和式的极限，就得到了变速直线运动的路程 s，即

$$s = \lim_{\lambda \to 0} \sum_{i=1}^{n} v(\xi_i)\Delta t_i.$$

二、定积分的定义

从上述两个例子中可以看出，虽然所计算的量具有不同的实际意义，但计算这些量的方法和步骤都是相同的，如果抽去它们的实际意义，最终归结为一个和式的极限. 对于这种和式的极限，给出下列定义：

定义 2 设函数 $f(x)$ 为区间 $[a,b]$ 上的有界函数，任取分点

$$a = x_0 < x_1 < x_2 < \cdots < x_{i-1} < x_i < \cdots < x_{n-1} < x_n = b,$$

把区间 $[a,b]$ 分成 n 个小区间 $[x_0, x_1], [x_1, x_2], \cdots, [x_{i-1}, x_i], \cdots, [x_{n-1}, x_n]$，各小区间的长度为

$$\Delta x_i = x_i - x_{i-1} \quad (i = 1, 2, \cdots, n).$$

在每个小区间 $[x_{i-1}, x_i]$ 上任取一点 $\xi_i (x_{i-1} \leq \xi_i \leq x_i)$，作和式

$$\sum_{i=1}^{n} f(\xi_i)\Delta x_i.$$

记 $\lambda = \max\{\Delta x_1, \Delta x_2, \cdots, \Delta x_n\}$，如果不论对区间 $[a,b]$ 采取何种分法及 ξ_i 如何选取，当 $\lambda \to 0$ 时，若上述和式的极限存在，则此极限值叫作函数 $f(x)$ 在区间 $[a,b]$ 上的定积分，记作 $\int_a^b f(x)\,\mathrm{d}x$，即

$$\int_a^b f(x)\,\mathrm{d}x = \lim_{\lambda \to 0} \sum_{i=1}^{n} f(\xi_i)\Delta x_i,$$

其中，称 $f(x)$ 为被积函数；$f(x)\,\mathrm{d}x$ 为被积表达式；x 为积分变量；$[a,b]$ 为积分区间；a, b 为积分下限与上限.

根据定积分的定义，曲边梯形面积 A 用定积分可以表示成

$$A = \int_a^b f(x)\,\mathrm{d}x.$$

变速直线运动的路程 s 用定积分可以表示成

$$s = \int_{T_1}^{T_2} v(t)\,\mathrm{d}t.$$

关于定积分的定义作如下几点说明：

(1) 定积分是和式极限，是一个数值，该数值与区间 $[a,b]$ 的分法和 ξ_i 的取法无关. 若此极限存在，则称函数 $f(x)$ 在区间 $[a,b]$ 上可积.

(2) 因为和式极限是由函数 $f(x)$ 及积分区间 $[a,b]$ 所确定，所以定积分只与被积函

数和积分区间有关,而与积分变量的记号无关. 即

$$\int_a^b f(x)\,\mathrm{d}x = \int_a^b f(t)\,\mathrm{d}t = \int_a^b f(u)\,\mathrm{d}u.$$

(3) 该定义是在 $a<b$ 的情况下给出的,但不管 $a<b$ 还是 $a>b$,总有

$$\int_a^b f(x)\,\mathrm{d}x = -\int_b^a f(x)\,\mathrm{d}x.$$

特别地,当 $a=b$ 时,$\int_a^a f(x)\,\mathrm{d}x = 0$.

(4) 如果 $f(x)$ 在区间 $[a,b]$ 上连续,那么 $f(x)$ 在区间 $[a,b]$ 上可积,这是 $f(x)$ 在区间 $[a,b]$ 上可积的一个充分条件;如果 $f(x)$ 在区间 $[a,b]$ 上可积,那么 $f(x)$ 在区间 $[a,b]$ 上有界,即 $f(x)$ 在区间 $[a,b]$ 上有界是可积的必要条件.

三、定积分的几何意义

(1) 当 $f(x) \geq 0$ 时,定积分 $\int_a^b f(x)\,\mathrm{d}x$ 在几何上表示由曲线 $y=f(x)$,直线 $x=a,x=b$ 以及 x 轴所围成的曲边梯形的面积,即

$$\int_a^b f(x)\,\mathrm{d}x = A.$$

(2) 当 $f(x)<0$ 时,曲边梯形位于 x 轴下方(见图 5-3),由于和式极限中的每一项 $f(\xi_i)\Delta x_i$ 都是负数,因此,定积分 $\int_a^b f(x)\,\mathrm{d}x$ 在几何上表示由曲线 $y=f(x)$,直线 $x=a,x=b,x$ 轴所围成的曲边梯形的面积的负值,即

$$\int_a^b f(x)\,\mathrm{d}x = -A.$$

例 1 如图 5-4 所示,用定积分表示阴影部分的面积.

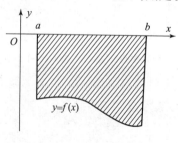

图 5-3

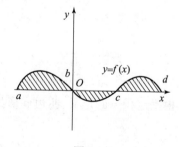

图 5-4

解 $\quad A = \int_a^b f(x)\,\mathrm{d}x - \int_b^c f(x)\,\mathrm{d}x + \int_c^d f(x)\,\mathrm{d}x.$

例 2 利用定积分的几何意义,确定下列积分的值:

(1) $\int_0^2 x\,\mathrm{d}x$; (2) $\int_{-2}^2 \sqrt{4-x^2}\,\mathrm{d}x.$

解 (1) 由定积分的几何意义可知,$\int_0^2 x\,\mathrm{d}x$ 表示由直线 $y=x,x=0,x=2$ 及 x 轴所围

成的三角形(曲边梯形的特例)面积(见图 5-5),因此

$$\int_0^2 x\,dx = \frac{1}{2} \times 2 \times 2 = 2.$$

(2)由定积分的几何意义可知,$\int_{-2}^{2}\sqrt{4-x^2}dx$ 表示由曲线 $y=\sqrt{4-x^2}$ 与直线 $x=-2$,$x=2$ 及 x 轴所围成的曲边梯形的面积(见图 5-6),也就是半径为 2 的半圆的面积,因此

$$\int_{-2}^{2}\sqrt{4-x^2}dx = 2\pi.$$

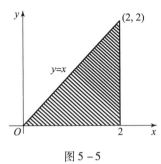

图 5-5

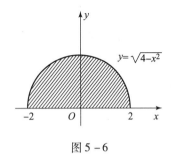

图 5-6

四、定积分的主要性质

设函数 $f(x)$,$g(x)$ 在区间 $[a,b]$ 上可积,则定积分有如下性质:

性质 1　两个函数和(差)的定积分等于它们定积分的和(差),即

$$\int_a^b [f(x) \pm g(x)]dx = \int_a^b f(x)dx \pm \int_a^b g(x)dx.$$

这个性质还可以推广到有限多个函数的情形.

性质 2　被积表达式中的常数因子可以提到积分号前面,即

$$\int_a^b kf(x)dx = k\int_a^b f(x)dx \quad (k\text{ 为常数}).$$

性质 3　(积分对区间的可加性)对于任意的 $a<c<b$(见图 5-7),有

$$\int_a^b f(x)dx = \int_a^c f(x)dx + \int_c^b f(x)dx.$$

此性质对于区间 $[a,b]$ 之外的任意 c 也成立.

性质 4　如果在区间 $[a,b]$ 上,$f(x) \equiv 1$,那么

$$\int_a^b f(x)dx = b - a.$$

性质 5　(积分的保序性)如果在区间 $[a,b]$ 上有 $f(x) \leq g(x)$,那么

$$\int_a^b f(x)dx \leq \int_a^b g(x)dx.$$

这个性质说明:在同一积分区间上,若比较两定积分的大小,只要比较被积函数的大小即可.

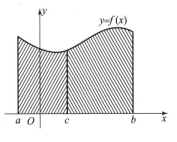

图 5-7

性质 6 （估值定理）如果函数 $f(x)$ 在区间 $[a,b]$ 上的最大值为 M，最小值为 m，那么
$$m(b-a) \leq \int_a^b f(x)\mathrm{d}x \leq M(b-a).$$

性质 7 （奇偶性）如果函数 $f(x)$ 在区间 $[-a,a]$ 上有定义，那么

(1) 当 $f(x)$ 为区间 $[-a,a]$ 上的奇函数时，有 $\int_{-a}^{a} f(x)\mathrm{d}x = 0$；

(2) 当 $f(x)$ 为区间 $[-a,a]$ 上的偶函数时，有 $\int_{-a}^{a} f(x)\mathrm{d}x = 2\int_{0}^{a} f(x)\mathrm{d}x$.

性质 7 在定积分的计算中经常用到．

例 3 比较下列各对积分值的大小：

(1) $\int_0^1 x^2 \mathrm{d}x$ 与 $\int_0^1 \sqrt{x}\mathrm{d}x$； (2) $\int_0^1 10^x \mathrm{d}x$ 与 $\int_0^1 5^x \mathrm{d}x$.

解 （1）因为在 $[0,1]$ 上有 $x^2 \leq \sqrt{x}$，所以由性质 5 得
$$\int_0^1 x^2 \mathrm{d}x \leq \int_0^1 \sqrt{x}\mathrm{d}x;$$

(2) 因为在 $[0,1]$ 上有 $10^x \geq 5^x$，所以
$$\int_0^1 10^x \mathrm{d}x \geq \int_0^1 5^x \mathrm{d}x.$$

例 4 利用定积分的性质，估算定积分 $\int_{-1}^{1} \mathrm{e}^{-x}\mathrm{d}x$ 的值.

解 设 $f(x) = \mathrm{e}^{-x}$，因为 $f'(x) = -\mathrm{e}^{-x} < 0$，所以 $f(x)$ 在 $[-1,1]$ 上单调递减，从而
$$f_{\max}(x) = M = \mathrm{e}^{-(-1)} = \mathrm{e},$$
$$f_{\min}(x) = m = \mathrm{e}^{-1} = \frac{1}{\mathrm{e}}.$$

因此，由估值定理有
$$\frac{2}{\mathrm{e}} \leq \int_{-1}^{1} \mathrm{e}^{-x}\mathrm{d}x \leq 2\mathrm{e}.$$

习题 5-1

A 组

1. 用定积分表示下列图形中阴影部分的面积：

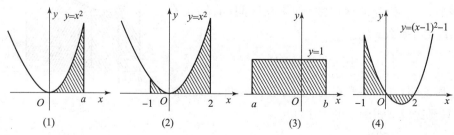

2. 定积分 $\int_{-2}^{2} x^2 \sin x \, dx = $ _____.

3. 试用定积分表示由曲线 $y = x^2 + 1$ 与直线 $x = -1, x = 2$ 及 x 轴围成的曲边梯形的面积_____.

4. 一质点做直线运动,其速率为 $v = 2 + t^2$,试用定积分表示质点从 $t = 1$ 到 $t = 3$ 的时间间隔内所走的路程_____.

5. 根据定积分的几何意义,判断下列定积分的正负号:

(1) $\int_{\frac{1}{2}}^{1} \ln x \, dx$；　　　　　　　(2) $\int_{-1}^{2} x^3 \, dx$；

(3) $\int_{0}^{\frac{\pi}{2}} \sin x \, dx$；　　　　　　　(4) $\int_{2}^{3} \frac{1}{x} \, dx$.

6. 利用定积分的几何意义,确定下列各积分的值:

(1) $\int_{-1}^{2} 2 \, dx$；　　　　　　　(2) $\int_{1}^{2} (x + 1) \, dx$；

(3) $\int_{0}^{\pi} \cos x \, dx$；　　　　　　　(4) $\int_{0}^{R} \sqrt{R^2 - x^2} \, dx$.

7. 利用定积分的性质,比较下列各组积分值的大小:

(1) $\int_{1}^{2} x^2 \, dx$ 与 $\int_{1}^{2} x^3 \, dx$；　　　　　　　(2) $\int_{0}^{2} 3x \, dx$ 与 $\int_{0}^{3} 3x \, dx$；

(3) $\int_{\frac{\pi}{4}}^{\frac{\pi}{2}} \cos x \, dx$ 与 $\int_{\frac{\pi}{4}}^{\frac{\pi}{2}} \sin x \, dx$；　　　　　　　(4) $\int_{0}^{1} e^x \, dx$ 与 $\int_{0}^{1} (x + 1) \, dx$.

8. 估算下列各积分的值:

(1) $\int_{0}^{1} (1 + x^2) \, dx$；　　　　　　　(2) $\int_{0}^{\frac{\pi}{2}} \sin x \, dx$.

B 组

1. 利用定积分的性质,比较下列各组积分值的大小:

(1) $\int_{1}^{2} \ln x \, dx$ 与 $\int_{1}^{2} (\ln x)^2 \, dx$；　　　(2) $\int_{0}^{1} x \, dx$ 与 $\int_{0}^{1} \ln(1 + x) \, dx$.

2. 利用定积分的几何意义,证明下列等式:

(1) $\int_{-\frac{\pi}{2}}^{\frac{\pi}{2}} \cos x \, dx = 2 \int_{0}^{\frac{\pi}{2}} \cos x \, dx$；　　　(2) $\int_{0}^{1} \sqrt{1 - x^2} \, dx = \frac{\pi}{4}$.

第二节　微积分基本公式

应用定义去求定积分,尽管被积函数很简单,也是一件比较困难的事. 所以,需要寻求简便而有效的计算方法,这就是微积分基本公式(牛顿—莱布尼兹公式),它揭示了定积分与不定积分的内在联系,把定积分的计算转化为求被积函数的原函数,从而解决了定积分计算的难题.

一、积分上限函数及其性质

设函数 $f(x)$ 在区间 $[a,b]$ 上连续,取区间 $[a,b]$ 内任意一点 x 作为积分上限,对每一个给定的 $x(a\leq x\leq b)$,积分 $\int_a^x f(x)dx$ 就有一个确定的积分值与之对应,它是定义在区间 $[a,b]$ 上的一个函数,称为积分上限函数,记作

$$\Phi(x) = \int_a^x f(t)dt \quad (a\leq x\leq b).$$

积分上限函数 $\Phi(x)$ 具有以下重要性质:

性质 1 如果函数 $f(x)$ 在区间 $[a,b]$ 上连续,那么积分上限函数 $\Phi(x) = \int_a^x f(t)dt (a\leq x\leq b)$ 在区间 $[a,b]$ 上可导,且它的导数为

$$\Phi'(x) = \frac{d}{dx}\int_a^x f(t)dt = f(x) \quad (a\leq x\leq b).$$

性质 2 (原函数存在定理)若函数 $f(x)$ 在区间 $[a,b]$ 上连续,则积分上限函数 $\Phi(x) = \int_a^x f(t)dt(a\leq x\leq b)$ 是 $f(x)$ 在区间 $[a,b]$ 上的一个原函数. 即

$$\int f(x)dx = \int_a^x f(x)dx + C.$$

原函数存在定理一方面说明连续函数必有原函数,回答了什么样的函数具有原函数的问题;另一方面又揭示了连续函数的定积分与不定积分之间的联系,因此通过原函数来计算定积分就有了可能.

例 1 求 $\left(\int_2^x \frac{\sin t}{t}dt\right)'$.

解 由性质 1 可得,$\left(\int_2^x \frac{\sin t}{t}dt\right)' = \frac{\sin x}{x}$.

例 2 已知 $F(x) = \int_x^0 \cos(3t+1)dt$,求 $F'(x)$.

解 $F'(x) = \left[\int_x^0 \cos(3t+1)dt\right]' = \left[-\int_0^x \cos(3t+1)dt\right]' = -\cos(3x+1)$.

例 3 求 $\frac{d}{dx}\left[\int_\pi^{x^2} t^2 e^{-t}dt\right]$.

解 设 $u = x^2$,则积分上限函数 $\int_\pi^{x^2} t^2 e^{-t}dt$ 就可以看作由 $\Phi(u) = \int_\pi^u t^2 e^{-t}dt, u = x^2$ 复合而成. 根据复合函数的求导法则及性质 1 有

$$\frac{\mathrm{d}}{\mathrm{d}x}\Big[\int_{\pi}^{x^2} t^2 \mathrm{e}^{-t} \mathrm{d}t\Big] = \frac{\mathrm{d}}{\mathrm{d}u}\Big[\int_{\pi}^{u} t^2 \mathrm{e}^{-t} \mathrm{d}t\Big](x^2)' = (x^2)^2 \mathrm{e}^{-x^2}(2x) = 2x^5 \mathrm{e}^{-x^2}.$$

例 4　求 $\lim\limits_{x \to 0} \dfrac{\int_0^x \sin t \mathrm{d}t}{x^2}$.

解　此极限属于 $\dfrac{0}{0}$ 型未定式,可用洛必达法则求解.

$$\lim_{x \to 0} \frac{\int_0^x \sin t \mathrm{d}t}{x^2} = \lim_{x \to 0} \frac{\left(\int_0^x \sin t \mathrm{d}t\right)'}{(x^2)'} = \lim_{x \to 0} \frac{\sin x}{2x} = \frac{1}{2}.$$

二、牛顿—莱布尼兹公式

定理 1　如果函数 $f(x)$ 在区间 $[a,b]$ 上连续,且 $F(x)$ 是 $f(x)$ 在区间 $[a,b]$ 上的一个原函数,则

$$\int_a^b f(x) \mathrm{d}x = F(b) - F(a). \tag{5-1}$$

称式(5-1)为牛顿—莱布尼兹(Newton-Leibniz)公式,也称为微积分基本公式. 它为定积分的计算提供了有效的方法,即要计算函数 $f(x)$ 在区间 $[a,b]$ 上的定积分,只要求出 $f(x)$ 在区间 $[a,b]$ 上的一个原函数 $F(x)$,然后计算 $F(b) - F(a)$ 就可以了.

(证明略.)

式(5-1)的右端 $F(b) - F(a)$ 用记号 $F(x)\big|_a^b$ 或 $[F(x)]_a^b$ 表示,这样公式可以记为

$$\int_a^b f(x) \mathrm{d}x = F(x)\big|_a^b = F(b) - F(a).$$

例 5　求定积分 $\int_0^1 \dfrac{1}{1+x^2} \mathrm{d}x$.

解　被积函数 $\dfrac{1}{1+x^2}$ 在 $[0,1]$ 上连续,满足定理条件,由式(5-1)得

$$\int_0^1 \frac{1}{1+x^2} \mathrm{d}x = \arctan x \big|_0^1 = \arctan 1 - \arctan 0 = \frac{\pi}{4}.$$

例 6　计算下列定积分:

(1) $\int_1^4 \sqrt{x} \mathrm{d}x$;　　　(2) $\int_{\frac{\pi}{6}}^{\frac{\pi}{4}} \cos^2 \dfrac{x}{2} \mathrm{d}x$;　　　(3) $\int_{-1}^1 \dfrac{\mathrm{e}^x}{1+\mathrm{e}^x} \mathrm{d}x$.

解　(1) $\int_1^4 \sqrt{x} \mathrm{d}x = \dfrac{2}{3} x^{\frac{3}{2}} \Big|_1^4 = \dfrac{2}{3}(4^{\frac{3}{2}} - 1) = \dfrac{14}{3}$;

(2) $\int_{\frac{\pi}{6}}^{\frac{\pi}{4}} \cos^2 \dfrac{x}{2} \mathrm{d}x = \int_{\frac{\pi}{6}}^{\frac{\pi}{4}} \dfrac{1+\cos x}{2} \mathrm{d}x = \left(\dfrac{1}{2}x + \dfrac{1}{2}\sin x\right)\Big|_{\frac{\pi}{6}}^{\frac{\pi}{4}} = \dfrac{\pi}{24} + \dfrac{\sqrt{2}-1}{4}$;

(3) $\int_{-1}^1 \dfrac{\mathrm{e}^x}{1+\mathrm{e}^x} \mathrm{d}x = \int_{-1}^1 \dfrac{1}{1+\mathrm{e}^x} \mathrm{d}(1+\mathrm{e}^x) = \ln(1+\mathrm{e}^x)\big|_{-1}^1 = 1.$

例7 求 $\int_{-1}^{3}|2-x|\,dx$.

解 由于
$$|2-x|=\begin{cases}2-x,&x\leqslant 2,\\x-2,&x>2,\end{cases}$$

根据定积分的性质3,得

$$\int_{-1}^{3}|2-x|\,dx=\int_{-1}^{2}(2-x)\,dx+\int_{2}^{3}(x-2)\,dx$$

$$=\left[2x-\frac{x^2}{2}\right]_{-1}^{2}+\left[\frac{x^2}{2}-2x\right]_{2}^{3}$$

$$=\frac{9}{2}+\frac{1}{2}=5.$$

由例题可以看出,当被积函数含有绝对值符号时,应用定积分的性质,把积分区间分成若干个子区间,从而去掉绝对值符号,然后分别在各个子区间上求定积分.

习题 5–2

A 组

1. 如果用连续函数 $f(x)$ 不同的原函数来计算定积分 $\int_{a}^{b}f(x)\,dx$,会得到不同的结果吗?为什么?

2. $\int_{-2}^{2}\frac{1}{(1+x)^2}\,dx$ 可以用牛顿—莱布尼兹公式计算吗?为什么?

3. 利用微积分基本公式求下列定积分:

(1) $\int_{0}^{3}(x^2+1)\,dx$;

(2) $\int_{-1}^{1}(x^3-2x^2)\,dx$;

(3) $\int_{0}^{2}(3x^2-x+1)\,dx$;

(4) $\int_{1}^{27}\frac{1}{\sqrt[3]{x}}\,dx$;

(5) $\int_{-3}^{3}|x-1|\,dx$;

(6) $\int_{2}^{3}\frac{1}{x}\,dx$;

(7) $\int_{1}^{3}\left(e^{\frac{1}{2}x}+\frac{3}{x}\right)dx$;

(8) $\int_{0}^{1}3^x e^x\,dx$;

(9) $\int_{0}^{1}\frac{2}{1+x^2}\,dx$;

(10) $\int_{-\frac{1}{2}}^{\frac{1}{2}}\frac{1}{\sqrt{1-x^2}}\,dx$;

(11) $\int_{0}^{1}\frac{x}{1+x^2}\,dx$;

(12) $\int_{0}^{\sqrt{3}}\frac{x^2-1}{x^2+1}\,dx$;

(13) $\int_1^2 \dfrac{e^{\frac{1}{x}}}{x^2}dx$;

(14) $\int_0^{\frac{\pi}{3}} \dfrac{\sin 2x}{\cos x}dx$;

(15) $\int_0^{\frac{\pi}{4}} \tan^2 x \, dx$;

(16) $\int_0^{\pi} \sin^2 \dfrac{x}{2} dx$.

4. 求下列函数的导数：

(1) $y = \int_1^x \dfrac{1}{1+t^2} dt$;

(2) $y = \int_x^2 \sqrt{1+t^3} \, dt$;

(3) $y = \int_1^{x^2} \ln(t^2+2) dt$;

(4) $y = \int_{x^2}^{x^3} e^t dt$.

5. 设 $f(x) = \begin{cases} x, & x \geq 0, \\ 1, & x < 0, \end{cases}$ 求 $\int_{-1}^2 f(x) dx$.

B 组

1. 求下列函数的导数：

(1) $y = \int_{x^2}^{x^3} \dfrac{1}{\sqrt{1+t^2}} dt$;

(2) $y = \int_{\sin x}^{\cos x} \cos(\pi t^2) dt$.

2. 求下列极限：

(1) $\lim\limits_{x \to 0} \dfrac{\int_0^x \arctan t \, dt}{x^2}$;

(2) $\lim\limits_{x \to 0} \dfrac{\int_0^x \cos^2 t \, dt}{x}$;

(3) $\lim\limits_{x \to 0} \dfrac{\int_0^x \cos t^2 \, dt}{x}$;

(4) $\lim\limits_{x \to 0} \dfrac{\left(\int_0^x e^{t^2} dt\right)^2}{\int_0^x t e^{2t^2} dt}$.

第三节 定积分的换元积分法与分部积分法

与不定积分的基本积分方法相对应，定积分也有换元法和分部积分法. 下面就来讨论定积分的这两种计算方法.

一、定积分的换元积分法

如果函数 $f(x)$ 为区间 $[a,b]$ 上的连续函数，函数 $x = \varphi(t)$ 在区间 $[\alpha,\beta]$ 上单调且有连续的导数，当 t 从 α 变到 β 时，$x = \varphi(t)$ 在 $[a,b]$ 上变化，且有 $\varphi(\alpha) = a, \varphi(\beta) = b$，则

$$\int_a^b f(x) dx = \int_\alpha^\beta f[\varphi(t)] \varphi'(t) dt.$$

注意：

(1) 定积分的换元与不定积分的换元的不同之处在于：定积分在换元之后，积分上、

下限也要作相应的变换,即"换元必换限",并且换元之后不必回代.

(2)由 $\varphi(\alpha) = a, \varphi(\beta) = b$ 确定的 α, β,可能 $\alpha > \beta$,也可能 $\alpha < \beta$,但对新变量 t 的积分来说,一定是 α 对应于 $x = a$ 的位置,β 对应于 $x = b$ 的位置.

例1 计算 $\int_0^3 \dfrac{x}{\sqrt{1+x}} dx$.

解 设 $\sqrt{1+x} = t, x = t^2 - 1, dx = 2t dt$,当 $x = 0$ 时,$t = 1$;当 $x = 3$ 时,$t = 2$.

于是有 $\int_0^3 \dfrac{x}{\sqrt{1+x}} dx = \int_1^2 \dfrac{t^2 - 1}{t} 2t dt = 2\int_1^2 (t^2 - 1) dt = 2\left[\dfrac{t^3}{3} - t\right]_1^2 = \dfrac{8}{3}$.

例2 计算 $\int_0^1 \sqrt{1 - x^2} dx$.

解 设 $x = \sin t \left(-\dfrac{\pi}{2} \leq t \leq \dfrac{\pi}{2}\right), dx = \cos t dt$,当 $x = 0$ 时,$t = 0$;当 $x = 1$ 时,$t = \dfrac{\pi}{2}$.

于是 $\int_0^1 \sqrt{1 - x^2} dx = \int_0^{\frac{\pi}{2}} \cos^2 t dt = \left[\dfrac{1}{2} t + \dfrac{1}{4} \sin 2t\right]_0^{\frac{\pi}{2}} = \dfrac{\pi}{4}$.

例3 计算 $\int_{\ln 3}^{\ln 8} \sqrt{1 + e^x} dx$.

解 设 $\sqrt{1 + e^x} = t, x = \ln(t^2 - 1)$,则 $dx = \dfrac{2t}{t^2 - 1} dt$. 换限:$x = \ln 3, t = 2.$;$x = \ln 8, t = 3$.

于是有

$\int_{\ln 3}^{\ln 8} \sqrt{1 + e^x} dx = \int_2^3 \dfrac{2t^2}{t^2 - 1} dt = 2\int_2^3 \left(1 + \dfrac{1}{t^2 - 1}\right) dt = \left[2t + \ln\left|\dfrac{t-1}{t+1}\right|\right]_2^3 = 2 + \ln \dfrac{3}{2}$.

例4 计算 $\int_0^{\frac{\pi}{2}} \cos^3 x \sin x dx$.

解 设 $\cos x = t$,则 $-\sin x dx = dt$. 换限:$x = 0, t = 1$;$x = \dfrac{\pi}{2}, t = 0$.

于是有 $\int_0^{\frac{\pi}{2}} \cos^3 x \sin x dx = -\int_1^0 t^3 dt = -\left[\dfrac{1}{4} t^4\right]_1^0 = \dfrac{1}{4}$.

该题也可采用凑微分方法来计算,即

$\int_0^{\frac{\pi}{2}} \cos^3 x \sin x dx = -\int_0^{\frac{\pi}{2}} \cos^3 x d\cos x = -\left[\dfrac{1}{4} \cos^4 x\right]_0^{\frac{\pi}{2}} = \dfrac{1}{4}$.

可以看出,这时由于没有进行变量代换,计算更为简便.

例5 设函数 $f(x)$ 在 $[-a, a]$ 上连续 $(a > 0)$,求证:

(1)当 $f(x)$ 为偶函数时,$\int_{-a}^a f(x) dx = 2\int_0^a f(x) dx$;

(2)当 $f(x)$ 为奇函数时,$\int_{-a}^a f(x) dx = 0$.

证明 $\int_{-a}^a f(x) dx = \int_{-a}^0 f(x) dx + \int_0^a f(x) dx$.

令 $\int_{-a}^0 f(x) dx$ 中的 $x = -t$,则 $dx = -dt$. 换限:$x = -a, t = a$;$x = 0, t = 0$.

于是有
$$\int_{-a}^{0} f(x)dx = \int_{a}^{0} f(-t)(-dt) = \int_{0}^{a} f(-t)dt = \int_{0}^{a} f(-x)dx.$$

(1) 由于 $f(x)$ 是偶函数，$f(-x) = f(x)$，则
$$\int_{-a}^{a} f(x)dx = \int_{0}^{a} f(-x)dx + \int_{0}^{a} f(x)dx = 2\int_{0}^{a} f(x)dx.$$

(2) 由于 $f(x)$ 是奇函数，$f(-x) = -f(x)$，则
$$\int_{-a}^{a} f(x)dx = \int_{0}^{a} f(-x)dx + \int_{0}^{a} f(x)dx = 0.$$

本例的结果可作为定理应用，在计算对称区间上的积分时，如能判断被积函数的奇偶性，可使计算简化.

例 6 设 $f(x)$ 在区间 $\left[0, \dfrac{\pi}{2}\right]$ 上连续，证明：$\int_{0}^{\frac{\pi}{2}} f(\sin x)dx = \int_{0}^{\frac{\pi}{2}} f(\cos x)dx$.

证明 设 $x = \dfrac{\pi}{2} - t$，则 $dx = -dt$，当 $x = 0$ 时，$t = \dfrac{\pi}{2}$；当 $x = \dfrac{\pi}{2}$ 时，$t = 0$.

左边 $= \int_{0}^{\frac{\pi}{2}} f(\sin x)dx = -\int_{\frac{\pi}{2}}^{0} f\left[\sin\left(\dfrac{\pi}{2} - t\right)\right]dt = \int_{0}^{\frac{\pi}{2}} f(\cos t)dt = \int_{0}^{\frac{\pi}{2}} f(\cos x)dx =$ 右边.

证毕.

二、定积分的分部积分法

设 $u = u(x)$，$v = v(x)$ 在区间 $[a, b]$ 上有连续的导数，则有
$$\int_{a}^{b} uv'dx = [uv]_{a}^{b} - \int_{a}^{b} vu'dx$$
或
$$\int_{a}^{b} udv = [uv]_{a}^{b} - \int_{a}^{b} vdu.$$

例 7 计算 $\int_{0}^{1} xe^{x}dx$.

解 $\int_{0}^{1} xe^{x}dx = \int_{0}^{1} xde^{x} = [xe^{x}]_{0}^{1} - \int_{0}^{1} e^{x}dx = e - e^{x}\big|_{0}^{1} = 1.$

例 8 计算 $\int_{0}^{\sqrt{3}} \arctan x dx$.

解 $\int_{0}^{\sqrt{3}} \arctan x dx = x\arctan x\big|_{0}^{\sqrt{3}} - \int_{0}^{\sqrt{3}} \dfrac{x}{1+x^{2}}dx$

$= \dfrac{\sqrt{3}}{3}\pi - \left[\dfrac{1}{2}\ln(1+x^{2})\right]_{0}^{\sqrt{3}} = \dfrac{\sqrt{3}}{3}\pi - \ln 2.$

例 9 计算 $\int_{1}^{2} x\ln x dx$.

解 $\int_{1}^{2} x\ln x dx = x\dfrac{1}{2}\int_{1}^{2} \ln x dx^{2} = \left[\dfrac{1}{2}x^{2}\ln x\right]_{1}^{2} - \dfrac{1}{2}\int_{1}^{2} x dx$

$$= 2\ln 2 - \left[\frac{1}{4}x^2\right]_1^2 = 2\ln 2 - \frac{3}{4}.$$

例 10 计算 $\int_0^1 e^{\sqrt{x}} dx$.

解 设 $\sqrt{x} = t, x = t^2, dx = 2tdt$，当 $x=0, t=0; x=1, t=1$.

于是有
$$\int_0^1 e^{\sqrt{x}} dx = \int_0^1 e^t \cdot 2t dt = 2\int_0^1 t de^t = [2te^t]_0^1 - 2\int_0^1 e^t dt$$
$$= 2e - [2e^t]_0^1 = 2e - 2e + 2 = 2.$$

习题 5-3

A 组

1. 计算下列定积分:

(1) $\int_0^1 (2x+5)^4 dx$;

(2) $\int_0^1 e^{4x} dx$;

(3) $\int_0^{\frac{1}{3}} \frac{1}{\sqrt[3]{1-3x}} dx$;

(4) $\int_{\frac{\sqrt{2}}{2}}^1 x(2x^2-3)^4 dx$;

(5) $\int_0^2 \frac{\ln(1+x)}{1+x} dx$;

(6) $\int_0^{\sqrt{\pi}} x\cos(\pi+x^2) dx$;

(7) $\int_1^e \frac{\sqrt{1+4\ln x}}{x} dx$;

(8) $\int_{\frac{1}{e}}^e \frac{1}{x\ln x} dx$;

(9) $\int_1^e \frac{1+\ln^2 x}{x} dx$;

(10) $\int_0^{\sqrt{\ln 2}} xe^{x^2} dx$;

(11) $\int_{\frac{4}{\pi}}^{\frac{2}{\pi}} \frac{1}{x^2}\sin\frac{1}{x} dx$;

(12) $\int_0^1 \frac{1}{1+e^x} dx$;

(13) $\int_{\ln\frac{\pi}{4}}^{\ln\frac{\pi}{2}} e^x \cos e^x dx$;

(14) $\int_0^1 \frac{\arcsin x}{\sqrt{1-x^2}} dx$;

(15) $\int_0^{\frac{3}{2}} \frac{x}{\sqrt{9+4x^2}} dx$;

(16) $\int_{-\frac{\sqrt{2}}{2}}^{\frac{\sqrt{2}}{2}} \frac{1}{(\arcsin x)^2 \sqrt{1-x^2}} dx$;

(17) $\int_0^{\frac{\pi}{4}} \frac{1}{\cos^2 x(1+\tan x)} dx$;

(18) $\int_{\frac{\pi}{4}}^{\frac{\pi}{6}} \frac{1}{\sin^2 2x} dx$;

(19) $\int_0^1 \frac{x^3}{x^2+1} dx$;

(20) $\int_{-1}^1 \frac{x\ln(1+x^2)}{1+x^2} dx$.

2. 计算下列定积分:

(1) $\int_1^2 \dfrac{\sqrt{x-1}}{x}\mathrm{d}x$;

(2) $\int_{-1}^1 \dfrac{1}{\sqrt{5-4x}}\mathrm{d}x$;

(3) $\int_0^{\sqrt{2}} \sqrt{2-x^2}\mathrm{d}x$;

(4) $\int_0^3 \dfrac{x}{1+\sqrt{1+x}}\mathrm{d}x$;

(5) $\int_0^7 \dfrac{1}{1+\sqrt[3]{1+x}}\mathrm{d}x$;

(6) $\int_{-1}^1 (x+\sqrt{1-x^2})^2 \mathrm{d}x$;

(7) $\int_1^8 \dfrac{1}{\sqrt[3]{x}+x}\mathrm{d}x$;

(8) $\int_1^{\sqrt{3}} \dfrac{1}{x^2\sqrt{1+x^2}}\mathrm{d}x$.

3. 计算下列定积分:

(1) $\int_0^1 x\mathrm{e}^x \mathrm{d}x$;

(2) $\int_1^{\mathrm{e}} x\ln x\mathrm{d}x$;

(3) $\int_0^{\frac{1}{2}} \arcsin x\mathrm{d}x$;

(4) $\int_0^{\ln 2} x^2 \mathrm{e}^x \mathrm{d}x$;

(5) $\int_0^{\frac{\pi}{2}} x^2 \sin x\mathrm{d}x$;

(6) $\int_0^{\sqrt{\ln 2}} x^3 \mathrm{e}^{x^2} \mathrm{d}x$;

(7) $\int_0^{\frac{\pi}{2}} \mathrm{e}^x \cos x\mathrm{d}x$;

(8) $\int_0^{\frac{\pi^2}{4}} \sin \sqrt{x}\mathrm{d}x$;

(9) $\int_1^{\mathrm{e}} (\ln x)^2 \mathrm{d}x$;

(10) $\int_0^{2\pi} x\cos^2 x\mathrm{d}x$.

B 组

1. 利用函数的奇偶性计算下列积分:

(1) $\int_{-\frac{\pi}{2}}^{\frac{\pi}{2}} 4\cos^4 x\mathrm{d}x$;

(2) $\int_{-5}^5 \dfrac{x^3 \sin^2 x}{x^4+2x^2+1}\mathrm{d}x$.

2. 证明: $\int_0^1 x^m(1-x)^n = \int_0^1 x^n(1-x)^m \mathrm{d}x \quad (m,n>0)$.

3. 设函数 $f(x)$ 在区间 $[a,b]$ 上连续,证明: $\int_a^b f(a+b-x) = \int_a^b f(x)\mathrm{d}x$.

4. 设函数 $f(x)$ 在区间 $[0,2]$ 上有连续的导数, $f(0)=1$, $\int_0^2 f(x)\mathrm{d}x = 3$, 计算 $\int_0^2 (x-2)f'(x)\mathrm{d}x$.

第四节 定积分的实际应用

一、定积分的微元法

从定积分的概念我们知道,利用定积分解决问题的方法是:通过分割的方法化整体为局部,在局部范围内"以直代曲";其基本步骤是:分割—取近似—求和—取极限. 现以求解曲边梯形的面积为例,将以上四步简化为两步进行讨论.

第一步:分割区间$[a,b]$,任一区间写为$[x,x+dx]$,取区间的左端点x为ξ_i,则有小曲边梯形面积的近似值(见图5-8).

$$\Delta A \approx f(x)\Delta x = f(x)dx,$$

其中$f(x)dx$称为面积微分元素(简称面积微元),记为dA,即

$$dA = f(x)dx.$$

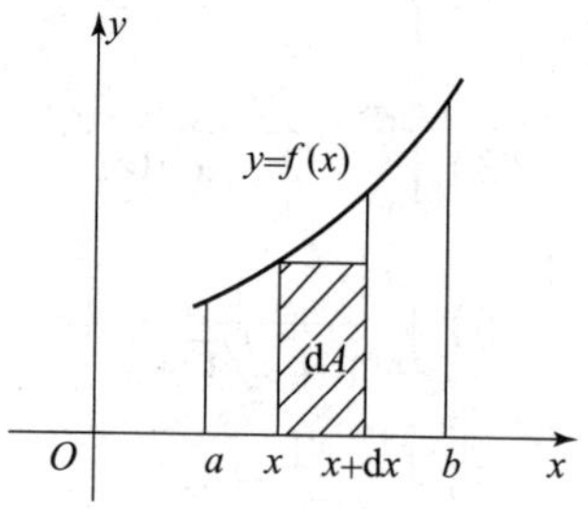

第二步:在区间$[a,b]$上将这些面积微元无限求和,就得到曲边梯形的面积A,即

$$A = \Delta A \approx \sum dA$$
$$= \lim \sum f(x)dx = \int_a^b f(x)dx.$$

图5-8

这种方法称为微元法,也称元素法. 下面我们就将应用这种方法来讨论一些几何、物理及经济中的实际问题.

二、定积分的几何应用

1. 直角坐标系下平面图形的面积

设函数$y=f(x),y=g(x)$均在区间$[a,b]$上连续,且$f(x) \geq g(x)$,现计算由$y=f(x)$, $y=g(x)$以及直线$x=a,x=b$所围成的平面图形的面积(见图5-9).

取x积分变量,积分区间为$[a,b]$. 把区间$[a,b]$分成若干个小区间,并把其中的代表性小区间记作$[x,x+dx]$. 与这个小区间相对应的窄条面积ΔA近似等于高为$f(x) - g(x)$,底为dx的小矩形的面积,从而得到面积元素dA,即

$$dA = [f(x) - g(x)]dx.$$

于是得到该平面图形的面积为

$$A = \int_a^b [f(x) - g(x)]dx.$$

特别地,当$g(x) = 0$时,平面图形的面积为

$$A = \int_a^b f(x)dx.$$

若平面图形是由连续曲线$x = \varphi(y), x = \psi(y) (\psi(y) \geq \varphi(y)), y = c, y = d$(见图5-10)围成的,则其面积为

$$A = \int_c^d [\psi(y) - \varphi(y)]dy.$$

特别地,当$\psi(y) = 0$时,平面图形的面积为

$$A = \int_c^d \psi(y)dy.$$

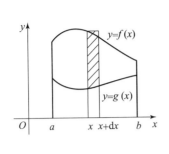

图 5-9

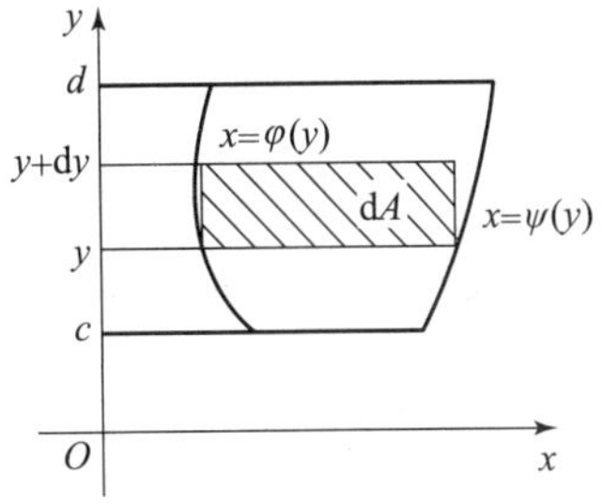

图 5-10

例1 求曲线 $y = x^2$,直线 $y = x$ 所围成的平面图形的面积.

解 如图 5-11 所示,解方程组 $\begin{cases} y = x^2 \\ y = x, \end{cases}$ 求得两条曲线的交点为 $(1,1)$. 选取 x 为积分变量,从而得到积分区间为 $[0,1]$. 由图 5-11 可知,所求面积元素

$$dA = (x - x^2)dx.$$

所求面积

$$A = \int_0^1 dA = \int_0^1 (x - x^2)dx$$
$$= \left[\frac{1}{2}x^2 - \frac{1}{3}x^3\right]_0^1 = \frac{1}{6}.$$

例2 求曲线 $y^2 = 2x$ 及直线 $y = x - 4$ 围成平面图形的面积.

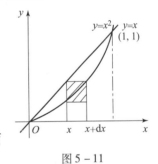

图 5-11

解 如图 5-12 所示,由 $\begin{cases} y = 2x^2 \\ y = x - 4, \end{cases}$ 求出交点坐标为 $(2, -2), (8, 4)$.

如果选取 x 为积分变量,积分区间为 $[0,8]$. 由图 5-12 可知,当 x 在区间 $[0,2]$ 上变化时,面积元素为

$$dA = [\sqrt{2x} - (-\sqrt{2x})]dx;$$

当 x 在区间 $[2,8]$ 上化时,面积元素为

$$dA = [\sqrt{2x} - (x - 4)]dx.$$

从而得到所求面积为

$$A = \int_0^2 [\sqrt{2x} - (-\sqrt{2x})]dx + \int_2^8 [\sqrt{2x} - (x - 4)]dx$$
$$= \int_0^2 2\sqrt{2x}dx + \int_2^8 \sqrt{2x}dx - \int_2^8 (x - 4)dx$$
$$= \left[2\sqrt{2}\left(\frac{2}{3}x^{\frac{3}{2}}\right)\right]_0^2 + \left[\sqrt{2}\left(\frac{2}{3}x^{\frac{3}{2}}\right)\right]_2^8 - \left[\frac{x^2}{2} - 4x\right]_2^8 = 18.$$

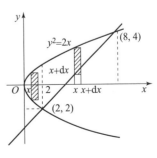

图 5-12

若选取 y 为积分变量(见图5-13),它的积分区间为 $[-2,4]$. 在 $[-2,4]$ 上任取一小区间 $[y,y+\mathrm{d}y]$,图形上所对应的小曲边梯形的面积近似于高为 $\mathrm{d}y$,底为 $(y+4)-\frac{1}{2}y^2$ 的小矩形的面积,从而得到面积元素

$$\mathrm{d}A = \left[(y+4)-\frac{1}{2}y^2\right]\mathrm{d}y.$$

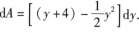

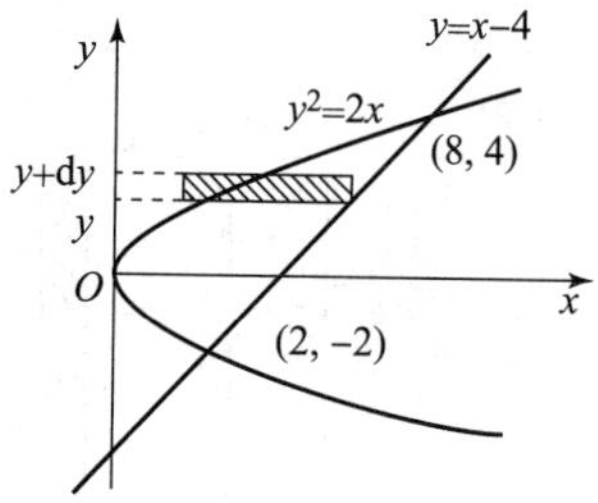

图5-13

于是所求面积为

$$A = \int_{-2}^{4}\left[(y+4)-\frac{1}{2}y^2\right]\mathrm{d}y = \left[\frac{y^2}{2}+4y-\frac{y^3}{6}\right]_{-2}^{4} = 18.$$

从这个例子还可以看出,积分变量选得适当,就可以使计算简便.

2. 旋转体的体积

平面图形绕着它所在平面内的一条直线旋转一周所得的立体称为旋转体,这条直线称为旋转轴. 下面讨论由连续曲线 $y=f(x)$,直线 $x=a, x=b$ 及 x 轴所围成的曲边梯形绕 x 轴旋转一周而成的旋转体的体积.

设 x 为积分变量,它的变化区间为 $[a,b]$(见图5-14). 在区间 $[a,b]$ 上任取一点 x,过 x 作与 x 轴垂直的平面,该平面截此旋转体所得的截面是半径为 $f(x)$ 的圆,其面积

$$A = \pi[f(x)]^2.$$

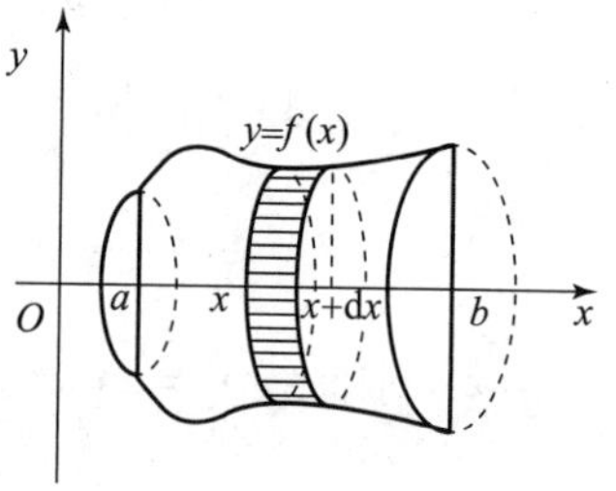

在区间 $[a,b]$ 上任取一小区间 $[x,x+\mathrm{d}x]$,所得的小立方体为相应于该区间上的薄片,可近似看成是底面积为 A,厚度为 $\mathrm{d}x$ 的小圆柱体. 于是,这一小圆柱体的体积近似值,即体积元素

$$\mathrm{d}V = \pi[f(x)]^2\mathrm{d}x.$$

图5-14

于是得到该旋转体的体积为

$$V = \int_a^b \pi[f(x)]^2\mathrm{d}x.$$

用类似的方法可以推出,由连续曲线 $x=\varphi(y)$,直线 $y=c, y=d$ 及 y 轴所围成的曲边梯形绕 y 轴旋转一周而成的旋转体的体积为

$$V = \int_c^d \pi[\varphi(y)]^2\mathrm{d}y.$$

例3 求由曲线 $y=x^2$ 及直线 $x=1, y=0$ 所围成的平面图形绕 x 轴旋转一周而成的旋转体的体积.

解 如图5-15所示,积分变量 x 的变化区间为 $[0,1]$,由上述公式得体积元素 $\mathrm{d}V = \pi(x^2)^2\mathrm{d}x$,于是体积

$$V = \int_0^1 \pi x^4 \mathrm{d}x = \pi\int_0^1 x^4 \mathrm{d}x = \pi\frac{x^5}{5}\bigg|_0^1 = \frac{\pi}{5}.$$

例 4 证明底面半径为 r,高为 h 的圆锥体积 $V = \dfrac{1}{3}\pi r^2 h$.

证明 建立如图 5-16 所示的坐标系,选积分变量为 x,它的变化区间为 $[0,h]$,函数 $y = f(x)$ 为直线 OA 的方程

$$y = \frac{r}{h}x,$$

于是其体积元素为

$$\mathrm{d}V = \pi\left(\frac{r}{h}x\right)^2 \mathrm{d}x.$$

因此,圆锥体的体积为

$$\begin{aligned}
V &= \int_0^h \pi\left(\frac{r}{h}x\right)^2 \mathrm{d}x = \pi \frac{r^2}{h^2}\int_0^h x^2 \mathrm{d}x \\
&= \pi \frac{r^2}{h^2} \cdot \left.\frac{x^3}{3}\right|_0^h = \frac{1}{3}\pi r^2 h.
\end{aligned}$$

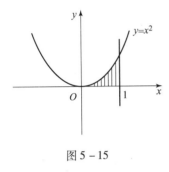

图 5-15

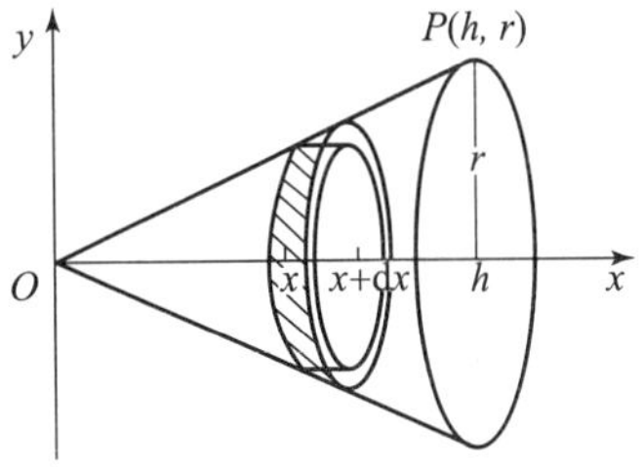

图 5-16

例 5 求由曲线 $y = x^3$, $y = 1$ 及 y 轴所围成的曲边梯形绕 y 轴旋转一周而成立体的体积.

解 如图 5-17 所示,积分变量 y 的积分区间为 $[0,1]$,此处 $x = \varphi(y) = \sqrt[3]{y}$. 于是体积

$$\begin{aligned}
V &= \int_0^1 \pi(\sqrt[3]{y})^2 \mathrm{d}y \\
&= \pi \int_0^8 y^{\frac{2}{3}} \mathrm{d}y \\
&= \pi \left.\frac{3}{5}y^{\frac{5}{3}}\right|_0^8 = \frac{96}{5}\pi = 19\frac{1}{5}\pi.
\end{aligned}$$

例 6 求椭圆 $\dfrac{x^2}{a^2} + \dfrac{y^2}{b^2} = 1$ 绕 x 轴旋转的体积.

解 (1) 椭圆绕 x 轴旋转(见图 5-18).

选取 x 为积分变量,其变化区间为 $[-a,a]$,由于 $y = f(x) = \dfrac{b}{a}\sqrt{a^2 - x^2}$,于是体积

$$\begin{aligned}
V_x &= \int_{-a}^a \pi\left(\frac{b}{a}\sqrt{a^2 - x^2}\right)^2 \mathrm{d}x \\
&= \frac{b^2}{a^2}\pi \int_{-a}^a (a^2 - x^2) \mathrm{d}x
\end{aligned}$$

$$= \frac{b^2}{a^2}\pi\left[a^2 x - \frac{1}{3}x^3\right]_{-a}^{a} = \frac{4}{3}\pi ab^2.$$

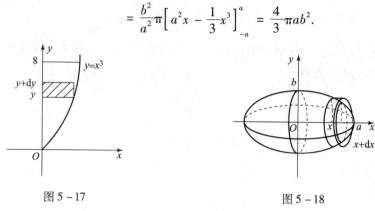

图 5-17   图 5-18

请同学们计算椭圆 $\frac{x^2}{a^2} + \frac{y^2}{b^2} = 1$ 绕 y 轴旋转的体积.

三、定积分的物理应用

1. 变力沿直线所做的功

如果一个物体在恒力 F 作用下,沿力的方向移动距离 s,则力 F 对物体所做的功是 $W = F \cdot s$;若物体在运动过程中所受的力是变化的,那么变力对物体所做的功是多少呢?我们仍用微元法解决物体在变力作用下沿直线做功的问题,下面通过实例说明微元法的具体应用过程.

例7 有一弹簧,用 5 N 的力可以把它拉长 0.01 m,求把弹簧拉长 0.1 m 外力所做的功.

解 如图 5-19 所示,建立数轴 Ox. 由物理学知道,弹力的大小和弹簧伸长或压缩的长度 x 成正比,方向指向平衡位置 O,即

$$F(x) = kx \, (k \text{ 为比例常数}).$$

根据题意:当 $x = 0.01$ m 时,$F = 5$ N,即得 $k = 500$ N/m,从而 $F(x) = 500x$.

以 x 为积分变量,它的积分区间为 $[0, 0.1]$. 设 $[x, x+dx]$ 为 $[0, 0.1]$ 上的任一小区间,以 $F(x)$ 作为 $[x, x+dx]$ 上各点处的近似值,则在该力作用下弹簧从 x 被拉伸至 $x+dx$ 时,所做的功近似于

$$dW = F(x)dx = 500x\,dx,$$

即得功元素. 于是所求的功为

$$W = \int_0^{0.1} 500x\,dx = 500\left[\frac{x^2}{2}\right]_0^{0.1} = 2.5 \, (\text{J}).$$

例8 某空气压缩机,其活塞的面积为 S,在等温压缩过程中,活塞由 x_1 处压缩到 x_2 处,求压缩机在这段压缩过程中所消耗的功.

解 如图 5-20 所示建立数轴 Ox,由物理学知道,一定量的气体在等温条件下,压强 p 与体积 V 的乘积为常数 k,即 $pV = k$.

由已知,体积 V 是活塞面积 S 与任一点位置 x 的乘积,即 $V = Sx$,因此

$$p = \frac{k}{V} = \frac{k}{Sx}.$$

于是气体作用于活塞上的力 $F = pS = \frac{k}{Sx}S = \frac{k}{x}$,

活塞所用力 $f = -F = -\frac{k}{x}$, 则力 f 所做功的微元

$$dW = -\frac{k}{x}dx,$$

于是所求功

$$W = \int_{x_1}^{x_2} -\frac{k}{x}dx = k\ln x \Big|_{x_2}^{x_1} = k\ln \frac{x_1}{x_2}.$$

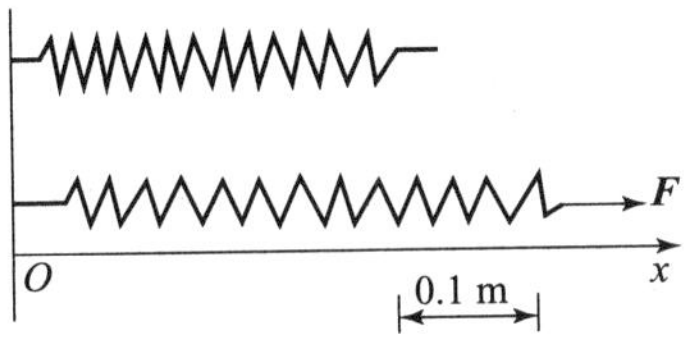

图 5-19

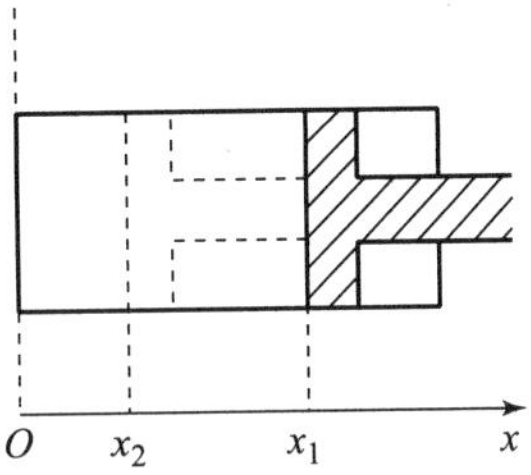

图 5-20

例 9 一圆柱形的储水桶高为 5 m, 底圆半径为 3 m, 桶内盛满了水. 试问要把桶内的水全部吸出需做多少功?

解 如图 5-21 所示建立坐标系. 由于将不同深度的水抽至桶口其行程不同, 所以取深度 x 为积分变量, 积分区间为 $[0,5]$. 相应于 $[0,5]$ 上任一小区间 $[x, x+dx]$ 的一薄层水的高度为 dx, 体积为 $dV = 9\pi dx$, 则其对应的小薄层水的重力为

$$\rho g dV = 9.8 \times 9\pi dx = 88.2\pi dx.$$

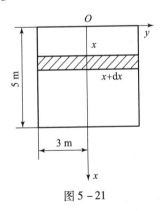

图 5-21

将这一薄层水吸出桶外所做功的近似值, 即功的微元为

$$dW = 88.2\pi x dx,$$

于是所求功为

$$W = \int_0^5 88.2\pi x dx = 88.2\pi \left[\frac{x^2}{2}\right]_0^5 = 88.2\pi \times \frac{25}{2} \approx 3\ 462\ (\text{kJ}).$$

2. 液体的压力

现有一面积为 S 的平板,水平置于密度为 ρ,深度为 h 的液体中,则平板一侧所受的压力为

$$p = \rho g h S.$$

若将平板垂直放于该液体中,对应不同的液体深度,压力值则不同,那么平板一侧所受压力应如何求解呢?

例 10 有一竖直的闸门,形状是等腰梯形,两条底边各为 10 m 与 6 m,高为 20 m. 较长的底边与水面平齐. 试计算该闸门一侧所受水的压力.

解 如图 5-22 所示建立直角坐标系,过 A、B 两点的直线方程为 $y = 5 - \dfrac{x}{10}$. 取积分变量 x,其积分区间为 $[0, 20]$.

在区间 $[0, 20]$ 上任取一小区间 $[x, x+\mathrm{d}x]$,闸门上相应于该小区间的窄条面积近似于长为 $2y = 2\left(5 - \dfrac{x}{10}\right) = 10 - \dfrac{x}{5}$,高为 $\mathrm{d}x$ 的矩形面积. 该矩形一侧所受的水压力近似于把这个小矩形放在平行于液体表面且距液体表面深度为 x 的位置上一侧所受的压力,即

$$\mathrm{d}F = \rho g x \left(10 - \dfrac{x}{5}\right) \mathrm{d}x$$

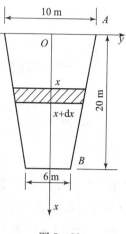

图 5-22

为压力元素. 所求压力为

$$F = \int_0^{20} \rho g x \left(10 - \dfrac{x}{5}\right) \mathrm{d}x = \rho g \left[5x^2 - \dfrac{x^3}{15}\right]_0^{20}$$

$$= \rho g \left[2\,000 - \dfrac{1\,600}{3}\right] \approx 14\,373 \, (\mathrm{kN}).$$

例 11 设一水平放置的水管,其断面是直径为 6 m 的圆,求当水半满时,水管一端的竖直闸门上所受的水压力.

解 建立如图 5-23 所示的直角坐标系,则圆的方程为 $x^2 + y^2 = 9$. 以 x 为积分变量,积分区间为 $[0, 3]$,在该区间上任取一小区间 $[x, x+\mathrm{d}x]$,与之对应的窄条面积近似于长为 $2y = 2\sqrt{9-x^2}$,宽为 $\mathrm{d}x$ 的矩形面积. 因此该窄条所受水的压力近似于

$$\mathrm{d}F = \rho g x \mathrm{d}S = 2\rho g x \sqrt{9-x^2} \mathrm{d}x,$$

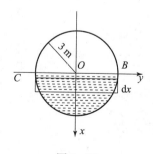

图 5-23

即压力元素. 因此,闸门所受的压力

$$F = \int_0^3 2\rho g x \sqrt{9-x^2} \mathrm{d}x = \rho g \left[-\dfrac{2}{3}(9-x^2)^{\frac{3}{2}}\right]_0^3 = -9.8 \times 10^3 \times \dfrac{2}{3} \times (-27)$$

$$\approx 1.76 \times 10^5 \, (\mathrm{N}).$$

用微元法解决问题的思路可以处理经济问题.

四、定积分的经济应用

1. 由边际函数求原函数(总量函数)

例 12 已知边际成本为 $C'(x) = 7 + \dfrac{25}{\sqrt{x}}$,固定成本为 1 000,求总成本函数.

解 $\begin{aligned}C(x) &= C_0 + C(x) \\ &= C_0 + \int_0^x C'(x)\,\mathrm{d}x \\ &= 1\,000 + \int_0^x \left(7 + \dfrac{25}{\sqrt{x}}\right)\mathrm{d}x \\ &= 1\,000 + \left[7x + 50\sqrt{x}\right]_0^x \\ &= 1\,000 + 7x + 50\sqrt{x}.\end{aligned}$

例 13 设某产品的边际收入函数为 $R'(Q) = 10(10-Q)\mathrm{e}^{-\frac{Q}{10}}$,其中 Q 为销售量,求该产品的总收入函数 $R(Q)$.

解 $\begin{aligned}\text{总收入函数 } R(Q) &= \int_0^Q R'(t)\,\mathrm{d}t = \int_0^Q (100\mathrm{e}^{-\frac{t}{10}} - 10t\mathrm{e}^{-\frac{t}{10}})\,\mathrm{d}t \\ &= -1\,000\mathrm{e}^{-\frac{t}{10}}\Big|_0^Q + 100\int_0^Q t\,\mathrm{d}\mathrm{e}^{-\frac{t}{10}} \\ &= 100Q\mathrm{e}^{-\frac{Q}{10}}.\end{aligned}$

2. 由变化率求总量、总量函数

(1) 已知某产品总产量 Q 的变化率为
$$\dfrac{\mathrm{d}Q}{\mathrm{d}t} = f(t),$$
则该产品在时间区间 $[a,b]$ 内的总产量为
$$Q = \int_a^b f(t)\,\mathrm{d}t.$$

(2) 已知某产品的总成本 $C(Q)$ 的边际成本为
$$C'(Q) = \dfrac{\mathrm{d}C(Q)}{\mathrm{d}Q},$$
则该产品从产量 a 到产量 b 的总成本为
$$C(Q) = \int_a^b C'(Q)\,\mathrm{d}Q.$$

(3) 已知某产品的总收益 $R(Q)$ 的边际收益为 $R'(Q)$,则该产品的销售量从 a 个单位上升到 b 个单位时的总收益为
$$R(Q) = \int_a^b R'(Q)\,\mathrm{d}Q.$$

同理已知某产品的总利润 $L(Q)$ 的边际利润为 $L'(Q)$,则销售量从 a 个单位增加到 b 个单位时的总利润为

$$L(Q) = \int_a^b L'(Q)\,\mathrm{d}Q.$$

例 14 已知某产品的总产量的变化率为
$$\frac{\mathrm{d}Q}{\mathrm{d}t} = 40 + 12t - \frac{3}{2}t^2 (\text{单位}/\text{天}),$$
求从第 2 天到第 10 天产品的总产量 Q.

解 总产量 $Q = \int_2^{10} \frac{\mathrm{d}Q}{\mathrm{d}t} \cdot \mathrm{d}t = \int_2^{10} \left(40 + 12t - \frac{3}{2}t^2\right)\mathrm{d}t$

$$= \left(40t + 6t^2 - \frac{1}{2}t^3\right)\Big|_2^{10} = 400(\text{单位}).$$

例 15 设某种商品每天生产 Q 单位时固定成本为 20 元,边际成本为
$$C'(Q) = 0.4Q + 2(\text{元}/\text{单位}).$$
(1)求总成本函数 $C(Q)$;
(2)如果该商品的销售单价为 18 元/单位,且产品全部售出,求总利润函数 $L(Q)$.

解 (1)总成本函数为
$$C(Q) = \int_0^Q C'(t)\mathrm{d}t + C_0 = \int_0^Q (0.4Q + 2)\mathrm{d}t + 20 = 0.2Q^2 + 2Q + 20.$$

(2)因为总收益函数为 $R(Q) = 18Q$,所以总利润函数为
$$L(Q) = R(Q) - C(Q) = 18Q - (0.2Q^2 + 2Q + 20) = -0.2Q^2 + 16Q - 20.$$

例 16 已知生产某产品 x 单位(百台)的边际成本和边际收益分别为
$$C'(x) = 3 + \frac{1}{3}(\text{万元}/\text{百台}),$$
$$R'(x) = 7 - x(\text{万元}/\text{百台}),$$
其中 $C(x)$ 和 $R(x)$ 分别是总成本函数、总收入函数.

求:(1)若固定成本 $C(0) = 1$ 万元,求总成本函数、总收入函数和总利润函数;
(2)产量为多少时,总利润最大? 最大总利润是多少?

解 (1)总成本为固定成本与可变成本之和,即
$$C(x) = C(0) + \int_0^x \left(3 + \frac{t}{3}\right)\mathrm{d}t$$
$$= 1 + 3x + \frac{1}{6}x^2.$$

总收益函数为
$$R(x) = R(0) + \int_0^x (7 - t)\mathrm{d}t = 7x - \frac{1}{2}x^2.$$

总利润为总收益与总成本之差,故总利润 L 为
$$L(x) = R(x) - C(x) = \left(7x - \frac{1}{2}x^2\right) - \left(1 + 3x + \frac{1}{6}x^2\right)$$
$$= -1 + 4x - \frac{2}{3}x^2.$$

(2) 由于 $L'(x) = 4 - \frac{4}{3}x$,令 $4 - \frac{4}{3}x = 0$,得唯一驻点 $x = 3$.

根据该题实际意义知,当 $x = 3$ 百台时,$L(x)$ 有最大值,即最大利润为

$$L(3) = -1 + 4 \times 3 - \frac{2}{3} \times 3^2 = 5(万元).$$

由此可见,在经济问题中,由边际函数求总函数(即原函数),一般采用不定积分来解决;如果要求总函数在某个范围内的改变量,则采用定积分来解决.

习题 5-4

A 组

1. 计算由下列各曲线所围成图形的面积:

(1) $y = e^x, y = e^{-x}, x = 1$;

(2) $y = x^3, x = 2$ 与 x 轴;

(3) $y = \frac{1}{x}, x = 2, y = x$;

(4) $y = \ln x, y = \ln 2, y = \ln 3, x = 0$;

(5) $y = \frac{1}{x}, x = 1, x = 4, x$ 轴;

(6) $y = x^2, y = 1$.

2. 求由下列曲线所围成的图形绕指定轴旋转所得的旋转体的体积:

(1) $y = x^2, x = 1, y = 0$;绕 x 轴.

(2) $y^2 = 4x, x = 2$;绕 x 轴.

(3) $y = e^x, y = e, x = 0$;绕 x 轴.

(4) $y = \ln x, x = 0, y = 0, y = 1$;绕 y 轴.

(5) $y = \frac{1}{x}, y = 1, y = 2, x = 0$;绕 y 轴.

3. 设平面图形是由曲线 $xy = 4$ 和 $x + y = 5$ 围成的.

(1) 求此平面图形的面积;

(2) 求该平面图形绕 x 轴旋转一周所得的旋转体的体积.

4. 长为 25 cm 的弹簧,若施加 0.98 N 的力,弹簧伸长到 30 cm. 求将弹簧拉长到 40 cm 时外力所做的功.

5. 半径为 1 m 的半球形水池,池中盛满了水,求把池内的水全部抽干需做多少功.

6. 一水库的闸门为矩形,宽为 2 m,高为 3 m,水面距闸门顶 2 m,求闸门一侧所受的压力.

7. 某产品的边际收益为 $R'(x) = 100 - \frac{Q}{25}$(元/单位),求生产 100 个单位时的总收入 R_1,再生产 100 个单位时的总收入 R_2.

8. 已知某种产品的产量为 Q 单位时,边际成本函数为 $C'(Q) = 80Q$(元/单位),固定

成本为500元,求生产100个单位产品时的总成本和平均成本.

9. 设某产品的边际收益为 $R'(x) = 20 - 0.02x$(元/单位),边际成本为 $C'(x) = 2$,求生产100个单位时的总利润(假设固定成本为0).

B 组

1. 计算由下列各曲线所围成图形的面积:

(1) $y = \sin x, y = \cos x, x = 0, x = \dfrac{\pi}{2}$; (2) $y = x^2, y = x, y = 2x$;

(3) $y = 3 - 2x - x^2$, x 轴; (4) $y = x^2, 4y = x^2, y = 1$.

2. 求由下列曲线所围成的图形绕指定轴旋转所得的旋转体的体积:

(1) $y = x^2, y^2 = 8x$;分别绕 x 轴和 y 轴.

(2) $x^2 + (y - 5)^2 = 16$;绕 x 轴.

3. 洒水车上的水箱是一个卧置的椭圆柱体,其横截面的轴长分别为 2 m 和 1.5 m,当水箱注满水时,试计算水箱的一个端面所受的力.

4. 已知某种产品的边际成本是产量 Q 的函数 $C'(Q) = 4 + 0.25Q$(万元/t),边际收入也是产量 Q 的函数 $R'(Q) = 80 - Q$(万元/t).

(1) 产量由 10 t 增加到 50 t 时,总成本与总收入各增加多少?

(2) 设固定成本为 $C(0) = 10$ 万元,求产量为多少时利润最大.

5. 已知某种产品的总产量 Q 在时刻 t 的变化率 $Q'(t) = 250 + 32t - 0.6t^2$(kg/h),求从 $t = 2$ 到 $t = 4$ 这两个小时的总产量.

自测题五

1. 填空题:

(1) $\displaystyle\int_a^b \mathrm{d}x = $ _____,$\displaystyle\int_{-1}^1 x\cos^2 x \mathrm{d}x = $ _____;

(2) $\displaystyle\int_1^e \ln x \mathrm{d}x = $ _____;

(3) $\displaystyle\int_0^{\frac{\pi}{2}} \mathrm{e}^{\cos x} \sin x \mathrm{d}x = $ _____;

(4) $\displaystyle\int_1^e \dfrac{\ln x}{x^2} \mathrm{d}t = $ _____;

(5) 若函数 $f(x)$ 在 $[a,b]$ 上连续,$F(x)$ 是 $f(x)$ 的_____,则 $\displaystyle\int_a^b f(x) \mathrm{d}x = F(b) - F(a)$;

(6) 设在区间 $[a,b]$ 上,曲线 $y = f(x)$ 位于曲线 $y = g(x)$ 的上方,则由这两条曲线及直线 $x = a, x = b$ 所围成的平面图形的面积 $A = $ _____;

(7) 已知生产某商品 Q 单位时的边际收入是 $R'(Q) = 1\,000 - 2Q$,则生产 Q 单位时的总收入 $R(Q) = $ _____.

2. 单项选择题:

(1) 设 $f(x)$ 连续,下列各式中成立的是( ).

A. $\int f'(x)\,dx = f(x)$
B. $\dfrac{d}{dx}\int f(x)\,dx = f(x) + C$
C. $\dfrac{d}{dx}\int_a^x f(t)\,dt = f(x)$
D. 若 $\int_a^b f(x)\,dx = 0$,则 $f(x) = 0$

(2) 在区间 $[-2,2]$ 上,下列函数中可以用牛顿—莱布尼兹公式计算定积分的是( ).

A. $f(x) = \dfrac{1}{x+\sqrt{2}}$
B. $f(x) = \dfrac{1}{\sqrt[3]{x}}$
C. $f(x) = \dfrac{1}{(2x+1)^2}$
D. $f(x) = \dfrac{1}{\sqrt{1+x^2}}$

(3) 设 $\int_0^1 x(a-x)\,dx = 1$,则常数 $a = $ ( ).

A. $\dfrac{8}{3}$
B. $\dfrac{1}{3}$
C. $\dfrac{4}{3}$
D. $\dfrac{2}{3}$

(4) 由曲线 $y = e^x$ 及直线 $x = 0, y = 2$ 所围成的平面图形的面积 $A = $ ( ).

A. $\int_1^2 \ln y\,dy$
B. $\int_1^{e^2} e^x\,dx$
C. $\int_1^{\ln 2} \ln y\,dy$
D. $\int_0^2 (2 - e^x)\,dx$

(5) 函数 $y = \sin^2 x$ 在 $x = 0, x = \pi$ 间的平均值为( ).

A. $\dfrac{1}{4}$ B. 1 C. $\dfrac{1}{2}$ D. 2

(6) $\dfrac{d}{dx}\int_0^1 \arctan x\,dx$ 等于( ).

A. 0 B. $\dfrac{1}{1+x^2}$ C. $\dfrac{\pi}{4}$ D. $\arctan x$

(7) 设 $\int_0^x f(t)\,dt = a^{2x} - 1$,则 $f(x) = $ ( ).

A. $2a^{2x}$ B. $a^{2x}\ln a$ C. $2a^{2x}\ln a$ D. $2xa^{2x-1}$

(8) 设 $f(x) = \begin{cases} \sin x, & x \geq 0, \\ \cos x, & x < 0, \end{cases}$ 则 $\int_{-\pi}^{\pi} f(x)\,dx = $ ( ).

A. 1 B. 2 C. -1 D. -2

3. 求下列定积分:

(1) $\int_3^4 \dfrac{x^2+x-6}{(x-2)}\mathrm{d}x$;

(2) $\int_{\frac{\pi}{6}}^{\frac{\pi}{3}} \dfrac{\cos 2x}{\cos^2 x \sin^2 x}\mathrm{d}x$;

(3) $\int_{\ln 2}^{\ln\sqrt{3}} \dfrac{\mathrm{e}^x}{4+\mathrm{e}^{2x}}\mathrm{d}x$;

(4) $\int_4^9 \dfrac{\sqrt{x}}{\sqrt{x}-1}\mathrm{d}x$;

(5) $\int_0^1 x^2\sqrt{1-x^2}\mathrm{d}x$;

(6) $\int_1^4 \dfrac{\ln x}{\sqrt{x}}\mathrm{d}x$;

(7) $\int_0^1 x\mathrm{e}^{-x^2}\mathrm{d}x$;

(8) $\int_1^{\mathrm{e}} \dfrac{1+\ln x}{x}\mathrm{d}x$.

4. 设平面图形是由曲线 $xy=3$, 直线 $x+y=4$ 围成的.

(1) 求此平面图形的面积;

(2) 求该平面图形绕 x 轴旋转一周所得的旋转体的体积.

5. 某工厂生产某商品 x(百台)的总成本(万元)的边际成本为 $C'(x)=2$, 边际收益为 $R'(x)=7-2x$(假设固定成本为 0).

求:(1)生产多少时总利润最大？并求最大利润.

(2)在总利润最大的基础上,又生产了 0.5 百台,总利润减少了多少?

阅读材料五

定积分发展的历史过程

定积分的发展大致可以分为三个阶段:古希腊数学的准备阶段、17 世纪的创立阶段以及 19 世纪的完成阶段.

1. 准备阶段

准备阶段主要包括 17 世纪中叶以前定积分思想的萌芽和先驱者们大量的探索、积累工作. 这个时期随着古希腊灿烂文化的发展,数学也开始散发出它不可抵挡的魅力. 整个 16 世纪,积分思想一直绕着"求积问题"发展,古希腊人在丈量形状不规则的土地面积时,先尽可能地用规则图形,如矩形和三角形,把丈量的土地分割成若干小块,忽略那些零碎的不规则的小块,计算出每一小块规则图形的面积,然后将它们相加,就得到土地面积的近似值. 在公元前 240 年左右,阿基米德曾用这个方法计算过抛物线弓形及其他图形的面积. 在公元前 263 年,我国的刘徽提出了割圆术. 这些就是分割与逼近思想的萌芽,是用定积分思想计算面积的典范.

2. 创立阶段

创立阶段主要包括 17 世纪下半叶牛顿、莱布尼兹的积分概念的创立和 18 世纪积分概念的发展. 牛顿和莱布尼兹几乎同时且互相独立地进入了微积分的大门. 从 1664 年开始,牛顿以研究运动学为背景提出了微积分的基本问题,发明了"正流数术"(微分),从确定面积的变化率入手,通过反微分计算面积,又建立了"反流数术",并将面积计算与求切线问题的互逆关系作为一般规律明确地揭示出来,将其作为微积分普遍算法的基础论述了"微积分基本定理";莱布尼兹从1673年开始研究微积分问题,他在《数学笔记》中指出求曲线的切线依赖于纵坐标与横坐标的差值之比(当这些差值变成无穷小时);求积依赖于在横坐标的无限小区间纵坐标之和或无限小矩形之和,把$\int \mathrm{d}y$表示为所有这些差的和,并且莱布尼兹开始认识到求和与求差运算的可逆性."$\int$"意味着和,"$\mathrm{d}y$"意味着差.明确指出了:作为求和过程的积分是微分之逆,实际上也就是今天的定积分.但是,有关定积分的种种结果还是孤立零散的.

3. 完成阶段

直到牛顿、莱布尼兹之后的两百年,严格的现代积分学理论才逐渐诞生.柯西定义了函数$F(x) = \int_{x_0}^{x} f(t)\mathrm{d}t$,继而柯西证明了$f(x)$的全部原函数彼此只相差一个常数.因此,他把不定积分写成$\int f(x)\mathrm{d}x = \int_{x_0}^{x} f(t)\mathrm{d}t + C$,并由此推出了牛顿—莱布尼兹公式$\int_{a}^{b} f(x)\mathrm{d}x = F(b) - F(a)$.至此,微积分基本定理给出了严格证明和最确切的表示形式.

附录一 简单不定积分表

1. 有理函数积分

(1) $\int (ax+b)^n dx = \dfrac{(ax+b)^{n+1}}{a(n+1)} + C \, (n \neq -1)$；

(2) $\int \dfrac{dx}{ax+b} = \dfrac{1}{a}\ln|ax+b| + C$；

(3) $\int x(ax+b)^n dx = \dfrac{(ax+b)^{n+2}}{a^2(n+2)} - \dfrac{b(ax+b)^{n+1}}{a^2(n+1)} + C \, (n \neq -1, -2)$；

(4) $\int \dfrac{x\,dx}{ax+b} = \dfrac{x}{a} - \dfrac{b}{a^2}\ln|ax+b| + C$；

(5) $\int \dfrac{x\,dx}{(ax+b)^2} = \dfrac{b}{a^2(ax+b)} + \dfrac{1}{a^2}\ln|ax+b| + C$；

(6) $\int \dfrac{x^2\,dx}{ax+b} = \dfrac{1}{a^3}\left[\dfrac{1}{2}(ax+b)^2 - 2b(ax+b) + b^2\ln|ax+b|\right] + C$；

(7) $\int \dfrac{dx}{x(ax+b)} = -\dfrac{1}{b}\ln\left|\dfrac{ax+b}{x}\right| + C$；

(8) $\int \dfrac{dx}{x^2(ax+b)} = -\dfrac{1}{bx} + \dfrac{a}{b^2}\ln\left|\dfrac{ax+b}{x}\right| + C$；

(9) $\int \dfrac{dx}{(x^2+a^2)^n} = \dfrac{x}{2(n-1)a^2(x^2+a^2)^{n-1}} + \dfrac{2n-3}{2(n-1)a^2}\int \dfrac{dx}{(x^2+a^2)^{n-1}}$；

(10) $\int \dfrac{dx}{x^2-a^2} = \dfrac{1}{2a}\ln\left|\dfrac{x-a}{x+a}\right| + C$.

2. 无理函数积分

(1) $\int \sqrt{a^2-x^2}\,dx = \dfrac{1}{2}(x\sqrt{a^2-x^2} + a^2\arcsin\dfrac{x}{a}) + C \, (|x| \leqslant a)$；

(2) $\int x^2\sqrt{a^2-x^2}\,dx = \dfrac{x}{8}(2x^2-a^2)\sqrt{a^2-x^2} + \dfrac{a^4}{8}\arcsin\dfrac{x}{a} + C \, (|x| \leqslant a)$；

(3) $\int \dfrac{dx}{\sqrt{a^2-x^2}} = \arcsin\dfrac{x}{a} + C \, (|x| \leqslant a)$；

(4) $\int \dfrac{x^2\,dx}{\sqrt{a^2-x^2}} = -\dfrac{x}{2}\sqrt{a^2-x^2} + \dfrac{a^2}{2}\arcsin\dfrac{x}{a} + C \, (|x| \leqslant a)$；

(5) $\int \sqrt{a^2+x^2}\,dx = \dfrac{1}{2}[x\sqrt{a^2+x^2} + a^2\ln(x+\sqrt{a^2+x^2})] + C$；

(6) $\int x\sqrt{a^2+x^2}dx = \frac{1}{3}(a^2+x^2)^{\frac{3}{2}} + C$;

(7) $\int \frac{\sqrt{a^2+x^2}}{x}dx = \sqrt{a^2+x^2} - a\ln\left|\frac{a+\sqrt{a^2+x^2}}{x}\right| + C$;

(8) $\int \frac{dx}{\sqrt{x^2+a^2}} = \ln(x+\sqrt{x^2+a^2}) + C$;

(9) $\int \frac{xdx}{\sqrt{x^2+a^2}} = \sqrt{x^2+a^2} + C$;

(10) $\int \frac{x^2 dx}{\sqrt{x^2+a^2}} = \frac{x}{2}\sqrt{x^2+a^2} - \frac{a^2}{2}\ln(x+\sqrt{x^2+a^2}) + C$;

(11) $\int \frac{dx}{x\sqrt{x^2+a^2}} = -\frac{1}{a}\ln\left|\frac{a+\sqrt{x^2+a^2}}{x}\right| + C$;

(12) $\int \frac{dx}{x^2\sqrt{x^2+a^2}} = -\frac{\sqrt{x^2+a^2}}{a^2 x} + C$;

(13) $\int \sqrt{x^2-a^2}dx = \frac{1}{2}\left[x\sqrt{x^2-a^2} - a^2\ln\left|x+\sqrt{x^2-a^2}\right|\right] + C$;

(14) $\int x\sqrt{x^2-a^2}dx = \frac{1}{3}(x^2-a^2)^{\frac{3}{2}} + C$;

(15) $\int \frac{\sqrt{x^2-a^2}}{x}dx = \sqrt{x^2-a^2} - a\arccos\frac{a}{x} + C\,(|x|\geqslant a)$;

(16) $\int \frac{dx}{\sqrt{x^2-a^2}} = \ln\left|x+\sqrt{x^2-a^2}\right| + C\,(|x|>a)$;

(17) $\int \frac{xdx}{\sqrt{x^2-a^2}} = \sqrt{x^2-a^2} + C\,(|x|>a)$;

(18) $\int \frac{x^2 dx}{\sqrt{x^2-a^2}} = \frac{1}{2}\left[x\sqrt{x^2-a^2} + a^2\ln\left|x+\sqrt{x^2-a^2}\right|\right] + C\,(|x|>a)$.

3. 三角函数类积分

(1) $\int \sin ax\,dx = -\frac{1}{a}\cos ax + C$;

(2) $\int \sin^n ax\,dx = -\frac{\sin^{n-1}ax \cdot \cos ax}{na} + \frac{n-1}{n}\int \sin^{n-2}ax\,dx\,(n>0)$;

(3) $\int x\sin ax\,dx = \frac{\sin ax}{a^2} - \frac{x\cos ax}{a} + C$;

(4) $\int x^n \sin ax\,dx = -\frac{x^n}{a}\cos ax + \frac{n}{a}\int x^{n-1}\cos ax\,dx\,C(n>0)$;

(5) $\int \frac{dx}{\sin ax} = \frac{1}{a}\ln\left|\tan\frac{ax}{2}\right| + C$;

(6) $\int \dfrac{dx}{1+\sin ax} = \dfrac{1}{a}\tan\left(\dfrac{ax}{2}-\dfrac{\pi}{4}\right)+C$;

(7) $\int \dfrac{dx}{1-\sin ax} = \dfrac{1}{a}\tan\left(\dfrac{ax}{2}+\dfrac{\pi}{4}\right)+C$;

(8) $\int \cos ax\,dx = \dfrac{1}{a}\sin ax + C$;

(9) $\int \cos^n ax\,dx = -\dfrac{\cos^{n-1}ax\cdot\sin ax}{na}+\dfrac{n-1}{n}\int\cos^{n-2}ax\,dx\,(n>0)$;

(10) $\int x\cos ax\,dx = \dfrac{\cos ax}{a^2}+\dfrac{x\sin ax}{a}+C$;

(11) $\int x^n\cos ax\,dx = \dfrac{x^n}{a}\sin ax - \dfrac{n}{a}\int x^{n-1}\sin ax + C\,(n>0)$;

(12) $\int \dfrac{dx}{\cos ax} = \dfrac{1}{a}\ln\left|\tan\left(\dfrac{ax}{2}+\dfrac{\pi}{4}\right)\right|+C$;

(13) $\int \dfrac{dx}{1+\cos ax} = \dfrac{1}{a}\tan\dfrac{ax}{2}+C$;

(14) $\int \dfrac{dx}{1-\cos ax} = -\dfrac{1}{a}\cot\dfrac{ax}{2}+C$;

(15) $\int \sin ax\cos ax\,dx = \dfrac{1}{2a}\sin^2 ax + C$;

(16) $\int \sin^n ax\cos ax\,dx = \dfrac{1}{a(n+1)}\sin^{n+1}ax + C\,(n\neq -1)$;

(17) $\int \sin ax\cos^n ax\,dx = -\dfrac{1}{a(n+1)}\cos^{n+1}ax + C\,(n\neq -1)$;

(18) $\int \dfrac{dx}{\sin ax\cdot\cos ax} = \dfrac{1}{a}\ln|\tan ax|+C$;

(19) $\int \dfrac{\sin ax\,dx}{\cos^n ax} = \dfrac{1}{a(n-1)\cos^{n-1}ax}+C\,(n\neq 1)$;

(20) $\int \dfrac{dx}{\tan ax + 1} = \dfrac{x}{2}+\dfrac{1}{2a}\ln|\sin ax+\cos ax|+C$;

(21) $\int \dfrac{dx}{\tan ax - 1} = -\dfrac{x}{2}-\dfrac{1}{2a}\ln|\sin ax-\cos ax|+C$.

4. 指数函数类积分

(1) $\int e^{ax}dx = \dfrac{1}{a}e^{ax}+C$;

(2) $\int x^n e^{ax}dx = \dfrac{1}{a}x^n e^{ax}-\dfrac{n}{a}\int x^{n-1}e^{ax}$;

(3) $\int e^{ax}\cdot\sin bx\,dx = \dfrac{e^{ax}}{a^2+b^2}(a\sin bx - b\cos bx)+C$;

(4) $\int e^{ax}\cdot\cos bx\,dx = \dfrac{e^{ax}}{a^2+b^2}(a\cos bx + b\sin bx)+C$;

(5) $\int e^{ax} \sin^n x \mathrm{d}x = \dfrac{e^{ax} \sin^{n-1} x}{a^2 + n^2}(a\sin x - n\cos x) + \dfrac{n(n-1)}{a^2 + n^2}\int e^{ax} \sin^{n-2} x \mathrm{d}x;$

(6) $\int e^{ax} \cos^n x \mathrm{d}x = \dfrac{e^{ax} \cos^{n-1} x}{a^2 + n^2}(a\cos x + n\sin x) + \dfrac{n(n-1)}{a^2 + n^2}\int e^{ax} \cos^{n-2} x \mathrm{d}x.$

5. 对数函数类积分

(1) $\int \ln^n x \mathrm{d}x = x\ln^n x - n\int \ln^{n-1} x \mathrm{d}x (n \in \mathbf{N}^+);$

(2) $\int x^m \ln^n x \mathrm{d}x = \dfrac{x^{m+1} \ln^n x}{m+1} - \dfrac{n}{m+1}\int x^m \ln^{n-1} x \mathrm{d}x (m \neq -1, n \in \mathbf{N}^+);$

(3) $\int \dfrac{\ln^n x}{x} \mathrm{d}x = \dfrac{1}{n+1}\ln^{n+1} x + C (n \neq -1);$

(4) $\int \dfrac{\ln^n x}{x^m} \mathrm{d}x = -\dfrac{\ln^n x}{(m-1)x^{m-1}} + \dfrac{n}{m-1}\int \dfrac{\ln^{n-1} x}{x^m} \mathrm{d}x (m \neq 1, n \in \mathbf{N}^+);$

(5) $\int \dfrac{1}{x\ln x} \mathrm{d}x = \ln|\ln x| + C (x \neq 1);$

(6) $\int \dfrac{1}{x(\ln x)^n} \mathrm{d}x = -\dfrac{1}{(n-1)\ln^{n-1} x} + C (n \neq 1, x \neq 1);$

(7) $\int \sin(\ln x) \mathrm{d}x = \dfrac{x}{2}[\sin(\ln x)] - \cos(\ln x) + C;$

(8) $\int \cos(\ln x) \mathrm{d}x = \dfrac{x}{2}[\sin(\ln x)] + \cos(\ln x) + C.$

6. 反三角函数类积分

(1) $\int \arcsin \dfrac{x}{a} \mathrm{d}x = x\arcsin \dfrac{x}{a} + \sqrt{a^2 - x^2} + C;$

(2) $\int x\arcsin \dfrac{x}{a} \mathrm{d}x = \left(\dfrac{x^2}{2} - \dfrac{a^2}{4}\right)\arcsin \dfrac{x}{a} + \dfrac{x}{4}\sqrt{a^2 - x^2} + C;$

(3) $\int \arccos \dfrac{x}{a} \mathrm{d}x = x\arccos \dfrac{x}{a} - \sqrt{a^2 - x^2} + C;$

(4) $\int x\arccos \dfrac{x}{a} \mathrm{d}x = \left(\dfrac{x^2}{2} - \dfrac{a^2}{4}\right)\arccos \dfrac{x}{a} - \dfrac{x}{4}\sqrt{a^2 - x^2} + C;$

(5) $\int \arctan \dfrac{x}{a} \mathrm{d}x = x\arctan \dfrac{x}{a} - \dfrac{a}{2}\ln(a^2 + x^2) + C;$

(6) $\int x\arctan \dfrac{x}{a} \mathrm{d}x = \dfrac{1}{2}(a^2 + x^2)\arctan \dfrac{x}{a} - \dfrac{ax}{2} + C;$

(7) $\int x^n \arctan \dfrac{x}{a} \mathrm{d}x = \dfrac{x^{n+1}}{n+1}\arctan \dfrac{x}{a} - \dfrac{a}{n+1}\int \dfrac{x^{n+1}}{a^2 + x^2} (n \neq -1);$

(8) $\int \mathrm{arccot} \dfrac{x}{a} \mathrm{d}x = x\mathrm{arccot} \dfrac{x}{a} + \dfrac{a}{2}\ln(a^2 + x^2) + C;$

(9) $\int x\mathrm{arccot} \dfrac{x}{a} \mathrm{d}x = \dfrac{1}{2}(a^2 + x^2)\mathrm{arccot} \dfrac{x}{a} + \dfrac{ax}{2} + C.$

附录二　初等数学常用公式

1. 代数部分

(1) $\sqrt{x^2} = |x| = \begin{cases} x, & x \geq 0, \\ -x, & x < 0; \end{cases}$

(2) $|x| \leq a \Leftrightarrow -a \leq x \leq a$;

(3) $|x| \geq a \Leftrightarrow x \leq -a$ 或 $x \geq a$;

(4) $a^m \cdot a^n = a^{m+n}$;

(5) $a^m \div a^n = a^{m-n}$;

(6) $(a^m)^n = a^{mn}$;

(7) $\sqrt[n]{a^m} = a^{\frac{m}{n}}$;

(式(4)~式(7)中 $a \geq 0$, m, n 均为任意实数)

(8) $\log_a M \cdot N = \log_a M + \log_a N$;

(9) $\log_a \dfrac{M}{N} = \log_a M - \log_a N$;

(10) $\log_a M^n = n \log_a M$;

(11) $\log_a \sqrt[n]{M} = \dfrac{1}{n} \log_a M$;

(式(8)~式(11)中 $M > 0, N > 0$)

(12) $a^{\log_a x} = x (x > 0)$;

(13) $1 + 2 + 3 + \cdots + n = \dfrac{1}{2} n(n+1)$;

(14) $1^2 + 2^2 + 3^2 + \cdots + n^2 = \dfrac{1}{6} n(n+1)(2n+1)$;

(15) $a + (a+d) + (a+2d) + \cdots + [a+(n-1)d] = na + \dfrac{1}{2}n(n-1)d$;

(16) $a + aq + aq^2 + \cdots + aq^{n-1} = \dfrac{a(1-q^n)}{1-q} (q \neq 1)$;

(17) $a^2 - b^2 = (a+b)(a-b)$;

(18) $a^3 \pm b^3 = (a \pm b)(a^2 \mp ab + b^2)$;

(19) $(a \pm b)^2 = a^2 \pm 2ab + b^2$;

(20) $(a \pm b)^3 = a^3 \pm 3a^2 b + 3ab^2 \pm b^3$.

2. 三角函数部分

(1) $\sin(\alpha \pm \beta) = \sin\alpha\cos\beta \pm \cos\alpha\sin\beta$;

(2) $\cos(\alpha \pm \beta) = \cos\alpha\cos\beta \mp \sin\alpha\sin\beta$;

(3) $\tan(\alpha \pm \beta) = \dfrac{\tan\alpha \pm \tan\beta}{1 \mp \tan\alpha\tan\beta}$;

(4) $\sin 2\alpha = 2\sin\alpha\cos\alpha$;

(5) $\cos 2\alpha = \cos^2\alpha - \sin^2\alpha = 2\cos^2\alpha - 1 = 1 - 2\sin^2\alpha$;

(6) $\sin\alpha\cos\beta = \dfrac{1}{2}[\sin(\alpha+\beta) + \sin(\alpha-\beta)]$;

(7) $\cos\alpha\cos\beta = \dfrac{1}{2}[\cos(\alpha+\beta) + \cos(\alpha-\beta)]$;

(8) $\sin\alpha\sin\beta = -\dfrac{1}{2}[\cos(\alpha+\beta) - \cos(\alpha-\beta)]$.

3. 几何部分

(1) 三角形的面积 $= \dfrac{1}{2}$底$\times$高;

(2) 圆扇形面积 $S = \dfrac{1}{2}R^2\theta = \dfrac{1}{2}Rl$($\theta$ 为圆心角的弧度,l 为 θ 对应的圆弧长);

(3) 球的表面积 $S = 4\pi R^2$;

(4) 圆锥的侧面积 $S = \pi Rl$;

(5) 球的体积 $V = \dfrac{4}{3}\pi R^3$;

(6) 圆锥的体积 $V = \dfrac{1}{3}\pi R^2 H$;

(7) 圆弧长 $l = R\theta$(θ 为弧度).

参 考 答 案

习题 1-1

A 组

1. (1)不同,对应规律不同;(2)不同,定义域不同;(3)不同,定义域不同;(4)相同.

2. (1)$\left[-\dfrac{2}{3},+\infty\right)$;(2)$(-\infty,-1)\cup(-1,1)\cup(1,+\infty)$;(3)$(-\infty,-2]\cup[2,+\infty)$;(4)$(-\infty,3)$;(5)$[0,1]$;(6)$(-\infty,2)\cup(2,3)\cup(3,+\infty)$.

3. $1,-1,x^2+3x+1,\dfrac{1}{x^2}-\dfrac{3}{x}+1$.

4. (1)偶函数;(2)奇函数;(3)奇函数;(4)非奇非偶函数;(5)偶函数;(6)偶函数.

5. (1)$y=\dfrac{x-1}{2}$;(2)$y=x^3+1$;(3)$y=\dfrac{2(x+1)}{x-1}$;(4)$y=\sqrt[3]{x-2}$.

B 组

1. (1)$(-\infty,3)\cup(3,5]$;(2)$(-\infty,2)\cup(2,3)$;(3)$[1,5]$;(4)$[-4,5]$;(5)$(2k\pi,2k\pi+\pi)$(k为整数);(6)$[-2,0)\cup(0,1)$.

2. 略.

3. (1)奇函数;(2)偶函数;(3)奇函数;(4)奇函数.

4. (1)无界;(2)有界.

习题 1-2

A 组

1. (1)$y=\tan 2x$;(2)$y=\ln(2x^2+1)$;(3)$y=\sin^2 x$;(4)$y=\sqrt{(x+1)^2}$;(5)$y=e^{\sin(x^2+1)}$;(6)$y=\lg(3^{\sin x})$.

2. (1)$y=u^{10},u=3x+2$;(2)$y=\sqrt{u},u=1-x^2$;(3)$y=\sin u,u=5x$;(4)$y=\arcsin u,u=\dfrac{x}{2}$;

参考答案

(5) $y = \cos u, u = \sqrt{x}$;(6) $y = e^u, u = x^2$;

(7) $y = 3^u, u = \sin x$;(8) $y = u^2, u = \sin v, v = x+1$.

3.(1) $[0, +\infty), 0, \sqrt{2}, 2, 3$;(2) $(-\infty, 2), -3, 0, \dfrac{3}{4}, 2$.

B 组

1.(1) $y = \sin u, u = x^3$;(2) $y = \ln u, u = \cos v, v = 3x$;

(3) $y = \sqrt{u}, u = \tan v, v = 2x$;(4) $y = 5^u, u = \ln v, v = \sin x$;

(5) $y = u^7, u = 1 + \lg x$;(6) $y = u^2, u = \sin v, v = 2x^2 + 3$;

(7) $y = \arcsin u, u = \dfrac{x^2 - 1}{2}$;(8) $y = u^2, u = \ln v, v = \ln x$.

2. $y = \begin{cases} 0.15x, & 0 < x \leq 50, \\ 0.25x - 5, & x > 50. \end{cases}$

习题 1-3

A 组

1.(1)2;(2)1;(3)1;(4)0;(5)0;(6)1;(7)0;(8)1.

2. $\lim\limits_{x \to 1^+} f(x) = 2, \lim\limits_{x \to 1^-} f(x) = 2, \lim\limits_{x \to 1} f(x) = 2$.

3. $\lim\limits_{x \to \frac{1}{2}} f(x) = -\dfrac{3}{4}, \lim\limits_{x \to 1} f(x)$ 不存在, $\lim\limits_{x \to 2} f(x) = 3$.

4. $\lim\limits_{x \to 0^+} f(x) = 2, \lim\limits_{x \to 0^-} f(x) = -1, \lim\limits_{x \to 0} f(x)$ 不存在.

B 组

1. $\lim\limits_{x \to 0^+} f(x) = 1, \lim\limits_{x \to 0^-} f(x) = -1, \lim\limits_{x \to 0} f(x)$ 不存在.

2. $\lim\limits_{x \to -1} f(x) = 3, \lim\limits_{x \to 0} f(x) = 2, \lim\limits_{x \to 1} f(x)$ 不存在, $\lim\limits_{x \to 3} f(x) = 4$.

3. 略.

习题 1-4

A 组

1.(1) -3;(2) -9;(3) -4;(4) $\dfrac{2}{3}$;(5) $-\dfrac{1}{2}$;(6) $-\sqrt{2}$;(7)2;(8) ∞;(9)0;(10) $\dfrac{2}{7}$.

2.(1) $\dfrac{5}{3}$;(2)2;(3)3;(4)6;(5) $\dfrac{3}{4}$;(6) e^5;(7) e^{-1};(8) e^4;(9) e^{-15};(10) e^2.

B 组

1. (1) 2; (2) $\dfrac{1}{2}$; (3) $\dfrac{\sqrt{2}}{2}$; (4) $\dfrac{3}{2}$; (5) $\dfrac{1}{2}$; (6) 0.

2. (1) $\dfrac{2}{7}$; (2) 1; (3) 0; (4) 2; (5) e^4; (6) e^2; (7) $e^{-\frac{1}{2}}$; (8) e^{-1}.

习题 1-5

A 组

1. (1) 无穷小量; (2) 无穷大量; (3) 无穷小量; (4) 无穷大量; (5) 无穷小量; (6) 无穷小量.

2. (1) $x \to 1$ 时为无穷小, $x \to 0^+$ 及 $x \to +\infty$ 时为无穷大;
(2) $x \to -2$ 时为无穷小, $x \to 3$ 时为无穷大.

3. (1) 1; (2) 0; (3) 0; (4) 0; (5) $\dfrac{3}{2}$; (6) $\dfrac{1}{2}$.

4. $x^2 - x^3$.

B 组

1. (1) 同阶; (2) $\sin 2x - \sin x$ 比 x^2 低阶; (3) $x^2 \sin \dfrac{1}{x}$ 比 x 高阶; (4) 等价.

2. 2.

3. (1) 1; (2) 2; (3) $\dfrac{2}{3}$; (4) ∞.

习题 1-6

A 组

1. (1) $\sqrt{5}$; (2) 0; (3) $3e$; (4) 0; (5) 1; (6) 1.

2. 函数在 $x = 1$ 点处连续.

3. (1) $x = 5$; (2) $x = -1, x = -2$; (3) $x = -2$; (4) $x = 3$.

B 组

1. (1) 1; (2) 1; (3) $\sin \sqrt{2}$; (4) $\dfrac{3}{2}$.

2. $a = 2, b = 1$.

3. 略.
4. 略.

自测题一

1. (1) $(-4,1)$; (2) $\dfrac{1}{4}$; (3) $\dfrac{4}{3}$; (4) 2; (5) 1,0; (6) 同阶; (7) 4; (8) 3.

2. (1) D; (2) C; (3) B; (4) A; (5) B; (6) A.

3. (1) $y=\cos u, u=\dfrac{1}{v}, v=x+1$;

(2) $y=2^u, u=\sin v, v=\sqrt{w}, w=x^2+1$;

(3) $y=\ln u, u=\arccos v, v=x^5$;

(4) $y=u^2, u=\lg v, v=w^2, w=5x+2$.

4. (1) $\dfrac{8}{3}$; (2) -2; (3) 3; (4) 1; (5) $\dfrac{1}{3}$; (6) e^{-2}.

5. 略.

习题 2-1

A 组

1. (1) $2f'(x_0)$; (2) $-f'(x_0)$; (3) $f'(x_0)$; (4) $-2f'(x_0)$.
2. a.
3. $3, 3x-y-2=0$.
4. $\dfrac{1}{2}$.

B 组

1. B.
2. $x+y-2=0$.
3. $\dfrac{1}{4}, x-4y+4=0$.

习题 2-2

A 组

1. (1) $5x^4$; (2) $-4x^{-5}$; (3) $\dfrac{2}{3}x^{-\frac{1}{3}}$; (4) $-\dfrac{2}{3}x^{-\frac{5}{3}}$.

2. (1) $3x^2 - 3x^{-4}$;　　(2) $\dfrac{1}{2}(x^{-\frac{1}{2}} + x^{-\frac{3}{2}})$;

(3) $6x^2 - 10x$;　　(4) $3\cos x + \dfrac{2}{x}$;

(5) $-\sin x - 2e^x - \csc x \cot x$;　　(6) $5x^4 + 5^x \ln 5$;

(7) $\dfrac{1}{m} + \dfrac{m}{x^2} + mx^{m-1} - m^x \ln m$;　　(8) $2x\sin x + x^2 \cos x$;

(9) $\dfrac{1}{2}x^{-\frac{1}{2}} + \dfrac{5}{2}x^{\frac{3}{2}}$;　　(10) $x^2(3\ln x + 1)$;

(11) $2\cos\varphi - \varphi\sin\varphi$;　　(12) $2e^x(\cos x - \sin x)$;

(13) $\dfrac{2}{(x+1)^2}$;　　(14) $\dfrac{1 - \ln x}{x^2}$.

3. (1) $6, 6$;　　(2) $1, -3$;

(3) $4(3\ln 2 + 1)$;　　(4) $0, \dfrac{\pi}{2} - 3$;

(5) $\dfrac{5}{16}$;　　(6) $0, -2\pi$;

(7) $-6\pi - 1, 6\pi - 1$;　　(8) $\ln 2, 2(\ln 2 + 1)$;

(9) $3, 4\ln 2 + 6$.

B 组

1. (1) $-\dfrac{1}{2\sqrt{x}}\left(1 + \dfrac{1}{x}\right)$;　　(2) $6x^5 - 15x^4 + 12x^3 - 9x^2 + 2x + 3$;

(3) $\dfrac{1}{\sqrt{x}(1 - \sqrt{x})^2}$;　　(4) $\dfrac{1}{1 + \cos x}$;

(5) $-\dfrac{2}{x(1 + \ln x)^2}$;　　(6) $\dfrac{1 + \sin t + \cos t}{(1 + \cos t)^2}$;

(7) $\ln x(\sin x + x\cos x) + \sin x$;　　(8) $\sec x(1 + x\tan x + \sec x)$.

2. (1) $\pi + 2 + \dfrac{12}{\pi}, 2\pi + \dfrac{3}{\pi}$;　　(2) $-\dfrac{4}{\pi^2}, -\dfrac{12}{\pi^2}$;

(3) $\dfrac{3}{4}, \dfrac{1}{3}$.

3. $(-1, 0)$ 和 $\left(\dfrac{1}{3}, -\dfrac{32}{27}\right)$.

4. $\left(\dfrac{1}{2}, -1\right)$.

5. $y=1$.

习题 2-3

A 组

1. (1) $40x(2x^2+1)^9$;

(2) $-\dfrac{1}{x^2}\sec^2\dfrac{1}{x}$;

(3) $2x\left(\cos\dfrac{x^2}{2}+\sin x^2\right)$;

(4) $\dfrac{e^x}{1+e^{2x}}$;

(5) $3(3x^2+x-1)^2(6x+1)$;

(6) $\dfrac{2x}{\ln 2(x^2+1)}$;

(7) $4\csc 4x$;

(8) $-\dfrac{1}{3}(8-x)^{-\frac{2}{3}}$;

(9) $6(e^{2x}-\sin 3x)$;

(10) $\dfrac{(1+2x)\sqrt{1+2x}-2}{(1+2x)^2}$;

(11) $\dfrac{\sin 2x}{x}+2\ln 3x \cdot \cos 2x$;

(12) $\dfrac{1}{2\sqrt{x}(1+x)}$;

(13) $\dfrac{e^{\sqrt{x}}}{2\sqrt{x}}+\dfrac{e^x}{2\sqrt{e^x}}$;

(14) $\cos^2 2t-2(t+1)\sin 4t$;

(15) $\ln 2(2^{\sin x}\cos x+2^x\cos 2^x)$;

(16) $\dfrac{a^2-2x^2}{2\sqrt{a^2-x^2}}$.

2. (1) $4-\dfrac{1}{x^2}$;

(2) $\dfrac{2}{(1+x)^3}$;

(3) $12(x+3)^2$;

(4) $2e^x\cos x$;

(5) $90x^8+60x^3+12x$;

(6) $4e^{2x}+2e(2e-1)x^{2e-2}$;

(7) $-\dfrac{2(1+x^2)}{(1-x^2)^2}$;

(8) $2\arctan x+\dfrac{2x}{1+x^2}$.

3. (1) $-\dfrac{\sqrt[3]{4}}{4},-1$; (2) $\dfrac{4\sqrt{3}}{3},2$; (3) $1+\ln 2$; (4) $-\dfrac{\pi^2}{2},2\pi^2$;

(5) $3,0$; (6) $3(e^3+1)$; (7) $1,3e^{\frac{\pi}{2}}$; (8) $\dfrac{\sqrt{2}}{2e}$.

B 组

1. (1) $-3\sec(4-3x)\cdot\tan(4-3x)$; (2) $4x\sin 2x^2$; (3) $\dfrac{3}{x\ln x \cdot \ln(\ln^3 x)}$;

(4) $-\left(\dfrac{1}{2}\csc^2\dfrac{\varphi}{2}+3\csc 3\varphi \cdot \cot 3\varphi\right)$; (5) $\csc x$; (6) $\dfrac{1}{1-x^2}$;

(7) $-(3x^2+1) \cdot \cos[\cos^2(x^3+x)] \cdot \sin[2(x^3+x)]$; (8) $\dfrac{1}{\sqrt{1+x^2}}$.

2. (1) $a^x \ln^n a$; (2) $k^n e^{kx}$; (3) $(-1)^{n-1}\dfrac{(n-1)!}{x^n}$; (4) $n!$.

习题 2-4

A 组

1. (1) $\dfrac{y}{e^y - x}$; (2) $\dfrac{-e^y}{xe^y + 2y}$; (3) $\dfrac{1+y^2}{2+y^2}$; (4) $\dfrac{y-xy}{xy-x}$;

(5) $\dfrac{-\sin(x+y)}{1+\sin(x+y)}$; (6) $\dfrac{2}{3y^2+2y}$; (7) $\dfrac{y}{y+1}$; (8) $\dfrac{1-y}{x+2ye^{y^2}}$;

(9) $\dfrac{e^y}{1-xe^y}$; (10) $\dfrac{2y-ye^{xy}}{xe^{xy}-2x}$.

2. (1) $x^{\sin x}\left(\cos x \ln x + \dfrac{\sin x}{x}\right)$; (2) $-\left(\dfrac{1}{x}\right)^x (\ln x + 1)$.

3. $x + 2y - 3 = 0$.

B 组

1. (1) $-\dfrac{4}{y^3}$;   (2) $\dfrac{6}{(x-2y)^3}$.

2. (1) $\dfrac{dy}{dx} = \dfrac{4t}{1+2t}$;   (2) $\dfrac{dy}{dx} = 2t$.

3. $\dfrac{xy\ln y - y^2}{xy\ln x - x^2}$.

习题 2-5

A 组

1. $\Delta y = 0.0302$, $dy = 0.03$.

2. $dy|_{x=1,\Delta x=0.2} = 0.05$.

3. (1) $\left(-\dfrac{1}{x^2} + \dfrac{1}{2\sqrt{x}}\right)dx$;   (2) $3(x^2-x+1)^2(2x-1)dx$;

(3) $-3\sin 3x\, dx$;   (4) $\dfrac{4x}{1+2x^2}dx$;

(5) $(\sin 2x + 2x\cos 2x)dx$;   (6) $(e^x - e^{-x})dx$;

(7) $-2e^{\cos 2x}\sin 2x dx$; (8) $(2x+2^x\ln 2)dx$;

(9) $2\tan x \sec^2 x dx$; (10) $\dfrac{dx}{2\sqrt{x-x^2}}$.

B 组

1. (1) 0.507 6; (2) -0.02; (3) 2.745; (4) 1.006; (5) 1.025; (6) 0.795 4.

2. $2\pi R_0 h$.

3. $4\pi R^2 d$.

自测题二

1. (1) 1; (2) $3f'(x_0)$; (3) 1, $x-y+1=0$; (4) $\dfrac{1}{1+x}$, -1; (5) 0, a_1; (6) $-e^{\cos x}\sin x$, -1;

(7) $2\ln x+3$; (8) $\dfrac{1}{t}$; (9) $\dfrac{-2}{x^3}dx$; (10) $\dfrac{1}{1+x^2}$, $\dfrac{2x}{1+x^2}$.

2. (1) D; (2) C; (3) C; (4) C; (5) C; (6) D; (7) A; (8) B; (9) D; (10) B.

3. (1) $2e^{2x}+2ex^{2e-1}$; (2) $-\tan x$; (3) $2x\tan\dfrac{1}{x}-\sec^2\dfrac{1}{x}$; (4) $\dfrac{x}{\sqrt{1+x^2}}$; (5) $\dfrac{6x+y}{5-x}$;

(6) $-\dfrac{1+e^{x+y}}{e^{x+y}+2y}$.

4. (1) 3; (2) -4.

5. 略.

习题 3-1

A 组

1. (1) 满足,$\xi=\dfrac{1}{4}$; (2) 满足,$\xi=0$; (3) 满足,$\xi=2$; (4) 满足,$\xi=0$; (5) 不满足;

(6) 不满足.

2. (1) 满足,$\xi=\pm\dfrac{\sqrt{3}}{3}$; (2) 满足,$\xi=\sqrt{2}$; (3) 满足,$\xi=e-1$; (4) 满足,$\xi=\dfrac{5-\sqrt{43}}{3}$;

(5) 满足,$\xi=\sqrt{\dfrac{4-\pi}{\pi}}$.

3. 略.

B 组

1. 略.

2. 满足，$\xi = \dfrac{14}{9}$.

3 ~ 7. 略.

习题 3 - 2

A 组

1. (1) $\dfrac{a}{b}$；(2) -1；(3) 0；(4) 0；(5) $\dfrac{ma^{m-n}}{n}$；(6) 0；(7) $-\dfrac{1}{8}$；(8) $\dfrac{1}{2}$；(9) $\dfrac{1}{3}$；
(10) 0；(11) ∞；(12) 1.

2. 1.

B 组

1. (1) 极限为1，不能用洛必达法则；(2) 极限为1，不能用洛必达法则；
(3) ∞，只能用洛必达法则做一步.

2. (1) 1；(2) $-\dfrac{1}{6}$；(3) 1；(4) 1.

习题 3 - 3

A 组

1. (1) 单调递减区间为$(-\infty, 3)$，单调递增区间为$(3, +\infty)$；

(2) 单调递减区间为$(-\infty, -2) \cup (0, 2)$，单调递增区间为$(-2, 0) \cup (2, +\infty)$；

(3) 单调递减区间为$\left(0, \dfrac{1}{2}\right)$，单调递增区间为$\left(\dfrac{1}{2}, +\infty\right)$；

(4) 单调递减区间为$(-\infty, -1) \cup (1, +\infty)$，单调递增区间为$(-1, 1)$；

(5) 单调递减区间为$(-\sqrt{2}, \sqrt{2})$，单调递增区间为$(-\infty, -\sqrt{2}) \cup (\sqrt{2}, +\infty)$；

(6) 单调递减区间为$\left(-\infty, \dfrac{1}{2}\right)$，单调递增区间为$\left(\dfrac{1}{2}, +\infty\right)$；

(7) 单调递减区间为$(-1, 0)$，单调递增区间为$(0, +\infty)$.

(8) 单调递减区间为$(0, 2)$，单调递增区间为$(-\infty, 0) \cup (2, +\infty)$.

2. (1) 极小值为$f(1) = -1$，极大值为$f(0) = 0$；

(2) 极小值为$f(2) = -3$，极大值为$f(-1) = \dfrac{3}{2}$；

(3) 极小值为$f(1) = -3$，极大值为$f\left(-\dfrac{1}{2}\right) = \dfrac{15}{4}$；

(4) 极大值为 $f\left(\dfrac{3}{4}\right) = \dfrac{5}{4}$；

(5) 极小值为 $f(1) = 2 - 4\ln 2$；

(6) 极小值为 $f\left(-\dfrac{\ln 2}{2}\right) = 2\sqrt{2}$；

(7) 无极值；

(8) 极小值为 $f(0) = 0$，极大值为 $f(2) = 4\mathrm{e}^{-2}$.

B 组

1. (1) 错误；(2) 正确；(3) 错误；(4) 错误；(5) 错误.

2. 略.

习题 3-4

A 组

1. (1) 最小值为 $f(-2) = -1$，最大值为 $f(-1) = 3$；

(2) 最小值为 $f(-1) = f(1) = 4$，最大值为 $f(-2) = f(2) = 13$；

(3) 最小值为 $f(-5) = \sqrt{6} - 5$，最大值为 $f\left(\dfrac{3}{4}\right) = \dfrac{5}{4}$；

(4) 最小值为 $f(0) = 0$，最大值为 $f\left(-\dfrac{1}{2}\right) = f(1) = \dfrac{1}{2}$；

(5) 最小值为 $f\left(\dfrac{1}{2}\right) = \dfrac{1}{2} + \ln 2$，最大值为 $f(3) = 18 - \ln 3$.

2. 8 cm.

3. 半径为 $\sqrt[3]{\dfrac{vb}{2a\pi}}$，高为 $\sqrt[3]{\dfrac{4va^2}{\pi b^2}}$.

B 组

1. 点 P 距炼油厂距离约为 7.764 km 时，最低管道铺设费约为 51.18 万元.

2. $v = 10\sqrt[3]{20}$ km/h.

3. 5 h.

4. 12 次/日，6 只/次.

5. D 在 BC 之间距 B 15 km 处时运费最省.

6. 日产量 89 件产品时盈利最多.

7. 距渔站 3 km.

8. 变压器设在甲、乙两村之间距甲村到输电干线垂直距离 1.2 km 处.

9. 价格为 310 元,销量为 1 240 台时收入最大,为 384 400 元.

10. $h = \dfrac{a}{\sqrt{2}}$.

11. 人数为 150 人时旅游团收费最高,达 112 500 元.

习题 3-5

A 组

1. (1) 凸区间为 $(-\infty, 1)$,凹区间为 $(1, +\infty)$,拐点是 $(1, 5)$;

   (2) 凸区间为 $(-\infty, 2)$,凹区间为 $(2, +\infty)$,拐点是 $(2, 3)$;

   (3) 凸区间为 $\left(-\infty, -\dfrac{1}{2}\right)$,凹区间为 $\left(-\dfrac{1}{2}, +\infty\right)$,拐点是 $\left(-\dfrac{1}{2}, 2\right)$;

   (4) 凸区间为 $(-\infty, -2)$,凹区间为 $(-2, +\infty)$,拐点是 $\left(-2, -\dfrac{2}{e^2}\right)$;

   (5) 凸区间为 $(-\infty, -1) \cup (1, +\infty)$,凹区间为 $(-1, 1)$,拐点是 $(1, \ln 2), (-1, \ln 2)$.

2. (1) 水平渐近线为 $y = 0$;(2) 水平渐近线为 $y = 0$,铅直渐近线为 $x = -2$;

   (3) 水平渐近线为 $y = 0$;(4) 水平渐近线为 $y = 0$;铅直渐近线为 $x = -1$ 和 $x = 3$.

3. $a = -3$,拐点是 $(1, -7)$.

4. $a = -\dfrac{3}{2}, b = \dfrac{9}{2}$.

5. 略.

B 组

1. 在点 $(1, 11)$ 附近是凸的,在点 $(3, 3)$ 附近是凹的.

2. $a = 1, b = 3, c = 0, d = 2$.

3. (1) 正确;(2) 正确.

4. 略.

习题 3-6

A 组

1. $R(Q) = -\dfrac{1}{2}Q^2 + 4Q$.

2. 300 kg.

3. $C(900) = 1\ 775, \bar{C}(900) = 1.972, C'(900) = 1.5$.

4. $R'(50) = 199$.

5. $\bar{C}(10) = 14, C'(10) = 4$，可以继续提高产量.

6. $Q'(4) = -8$，说明此时的价格不能刺激消费的增加.

7. $Q = 80, \bar{C}(80) = 100(元)$.

8. $Q = 3$.

9. $Q = 40$.

10. $Q = 250, L(250) = 425(元)$.

B 组

1. (1) 51 100 元；(2) 5.11 元, 5.1 元；(3) 5.06 元；(4) 5.05 元.

2. 30, 0, -10.

3. 610 元.

4. $q = 20, 46$ 元.

5. $q = 25, q = 35$.

习题 3-7

A 组

1. $\dfrac{\sqrt{2}}{2}$.

2. 2.

3. $x = -\dfrac{b}{2a}$.

4. 2.

5. 1.

6. $\mathrm{d}s = \sqrt{2 + 4x + 4x^2}\,\mathrm{d}x, \dfrac{\sqrt{2}}{2}$.

7. $\dfrac{3}{5\sqrt{10}}$.

B 组

1. $1, 2\sqrt{2}$.

2. 在点 $\left(\dfrac{1}{\sqrt{2}}, -\dfrac{\ln 2}{2}\right)$ 处曲率半径最小，其值为 $\rho = \dfrac{3\sqrt{3}}{2}$.

3. $a = \dfrac{1}{2}, b = 1, c = 1$.

4. 0.

5. $\dfrac{1}{2}$.

6. $\dfrac{1}{5\sqrt{5}}$.

7. 略.

自测题三

1. (1) B;(2) B;(3) A;(4) A;(5) C;(6) A;(7) B.

2. (1) 7,3;(2) 1,$\dfrac{1}{2}$;(3) ln 5,0;(4) 148;(5) 1;(6) $-\dfrac{1}{\ln 2}$;(7) $\dfrac{5-2\sqrt{7}}{3}$;(8) 2.

3. (1) $\dfrac{1}{6}$;(2) $\dfrac{1}{2}$;(3) -1;(4) 0.

4. 宽为 $\dfrac{d}{\sqrt{3}}$,高为 $\sqrt{\dfrac{2}{3}}d$.

5. (1) $C(Q)=200+5Q$,$R(Q)=50Q-0.5Q^2$;

(2) $C'(Q_0)=5$,$R'(Q_0)=50-Q_0$;

(3) $Q=45$.

(4) $L(50)=812.5$ 元.

习题 4-1

A 组

1. (1) x^2,x^2+C;(2) e^x,e^x+C;(3) $\sin x$,$\sin x+C$;(4) $\arcsin x$,$\arcsin x+C$;

(5) $\sin^2 x$,$\sec x+C$;(6) $\arcsin x+C$;(7) $\dfrac{1}{\sqrt{x}}$;(8) $1+\ln x$;(9) $\sin x+C$,$\cos x+C$;

(10) $\dfrac{1}{2\sqrt{x}}$,$-\dfrac{1}{4}x^{-\frac{3}{2}}$;(11) $-\dfrac{1}{x^2}$,$\dfrac{1}{x}+C$,$-\dfrac{1}{x^2}+C$;(12) $x+\sqrt{x}+C$.

2. 略.

3. (1) 不成立;(2) 不成立;(3) 不成立;(4) 成立;(5) 成立;(6) 成立.

4. (1) 正确;(2) 不正确;(3) 不正确;(4) 不正确.

5. $y=x^3-5$.

6. (1) $\dfrac{1}{5}x^5+2x+C$;(2) $\tan x+C$;(3) $2\sin x+C$;(4) $\arctan x+C$;

(5) $-\cos x-x+C$;(6) $x^2+\arcsin x+C$.

B 组

1. D.

2. $f(x) = x + \dfrac{x^3}{3} + 1$.

习题 4-2

A 组

1. (1) $x^2 + C, \dfrac{2}{3}x^{\frac{3}{2}} + C$;   (2) $-\dfrac{1}{x} + C, 2\arcsin x + C$.

2. (1) $\dfrac{x^3}{3} - \dfrac{x^2}{2} - 3x + C$;   (2) $x^3 - x^2 + 2\sqrt{x} + C$;

(3) $\dfrac{1}{3}x^3 - x + C$;   (4) $x + \dfrac{\left(\dfrac{2}{3}\right)^x}{\ln \dfrac{2}{3}} + C$;

(5) $2\sqrt{x} - \dfrac{4}{3}x^{\frac{3}{2}} + \dfrac{2}{5}x^{\frac{5}{2}} + C$;   (6) $\dfrac{2}{3}x^{\frac{3}{2}} + \dfrac{1}{x} + \tan x + C$;

(7) $e^x - 2\sin x + C$;   (8) $\dfrac{10^x}{\ln 10} + \cot x + C$;

(9) $e^x - \ln|x| + C$;   (10) $e^{x-3} + C$;

(11) $\dfrac{2}{3}x^{\frac{3}{2}} + 2x + C$;   (12) $x^3 + \arctan x + C$;

(13) $2\arctan x - 3\arcsin x + C$;   (14) $-(x + \cot x) + C$;

(15) $\dfrac{x}{2} + \dfrac{1}{2}\sin x + C$;   (16) $\dfrac{1}{\cos x} + C$;

(17) $\dfrac{1}{2}\tan x + C$;   (18) $\tan x - \sec x + C$.

3. $y = \dfrac{1}{2}x^2 - 3x + 13$.

4. $y = \sqrt{x} + 1$.

5. $s = t^3 + 2t^2$.

B 组

1. (1) $\ln|x| + 2\arctan x + C$;   (2) $-\dfrac{1}{x} - \arctan x + C$;

(3) $-\dfrac{1}{2}\cos x - \cot x + C$;   (4) $e^x - 2\sqrt{x} + C$;

(5) $\sin x - \cos x + C$ (6) $-(\cot x + \tan x) + C$;

2. $y = \ln x + 1$.

习题 4-3

A 组

1. (1) C; (2) C; (3) D.

2. (1) $-\dfrac{1}{2}$; (2) $\dfrac{1}{6}$; (3) $\dfrac{1}{9}$; (4) -1; (5) -2; (6) $\dfrac{1}{2}$; (7) -3; (8) $-\dfrac{1}{2}$; (9) $-\dfrac{1}{3}$;
(10) 2; (11) $\dfrac{1}{3}$; (12) $\dfrac{1}{2}$; (13) $\dfrac{1}{2}$; (14) $-\dfrac{1}{4}$; (15) $F(2 - \cos x) + C$;
(16) $-F(e^{-x} + 1) + C$.

3. (1) $\dfrac{1}{15}(5 + 3x)^5 + C$; (2) $\dfrac{1}{2}\sin(2x - 6) + C$;

(3) $\dfrac{1}{2}e^{2x-4} + C$; (4) $\dfrac{1}{m}\dfrac{a^{mx+n}}{\ln a} + C$;

(5) $-\dfrac{2}{5}\sqrt{2 - 5x} + C$; (6) $-\dfrac{2}{9}(4 - 3x)^{\frac{3}{2}} + C$;

(7) $\dfrac{1}{3}\ln|3x - 1| + C$; (8) $3\tan\dfrac{x}{3} + C$;

(9) $\arcsin\dfrac{x}{2} + C$; (10) $\dfrac{1}{25}\sqrt{4 + 25x^2} + C$;

(11) $-2\cos\sqrt{x} + C$; (12) $2e^{\sqrt{x}} + C$;

(13) $2e^x - \dfrac{1}{2}e^{2x} + C$; (14) $\ln|1 + e^x| + C$;

(15) $-\dfrac{3^{\frac{1}{x}}}{\ln 3} + C$; (16) $-\tan\dfrac{1}{x} + C$;

(17) $\dfrac{1}{3}(1 + x^2)^{\frac{3}{2}} + C$; (18) $\dfrac{1}{3}\ln|1 + x^3| + C$;

(19) $\dfrac{1}{3}\ln^3 x + C$; (20) $\arctan(\ln x) + C$;

(21) $\dfrac{2}{3}(1 + \ln x)^{\frac{3}{2}} + C$; (22) $\dfrac{1}{3}(\arctan x)^3 + C$;

(23) $\dfrac{1}{5}\ln\left|\dfrac{x-1}{x+4}\right| + C$; (24) $2\ln|x - 2| - \dfrac{4}{x-2} + C$;

(25) $\dfrac{1}{2}\arcsin\dfrac{2}{3}x + \dfrac{1}{4}\sqrt{9 - 4x^2} + C$; (26) $-\dfrac{1}{6}\sin(2 - 3x^2) + C$;

(27) $-\dfrac{1}{3}(1 - \sin x)^3 + C$; (28) $-\dfrac{1}{4}\cot(1 + 2x^2) + C$;

(29) $-\frac{1}{4}(2\cot x+3)^2+C$;　　　(30) $2\sqrt{\tan x-1}+C$.

4. (1) $\frac{x}{2}-\frac{1}{4}\sin 2x+C$; (2) $\frac{x}{2}+\frac{1}{8}\sin 4x+C$; (3) $\frac{1}{3}\cos^3 x-\cos x+C$;

(4) $\frac{3x}{8}+\frac{1}{4}\sin 2x+\frac{1}{32}\sin 4x+C$.

5. (1) $\frac{2}{3}(x-2)^{\frac{3}{2}}+4\sqrt{x-2}+C$; (2) $\frac{2}{5}(\sqrt{x+1})^5-\frac{2}{3}(\sqrt{x+1})^3+C$;

(3) $\sqrt{2x+1}-\ln(1+\sqrt{2x+1})+C$; (4) $\frac{3}{2}\sqrt[3]{x^2}-3\sqrt[3]{x}+3\ln|1+\sqrt[3]{x}|+C$;

(5) $(\arctan\sqrt{x})^2+C$; (6) $x+2\sqrt{x}+2\ln|\sqrt{x}-1|+C$;

(7) $\ln|\sqrt{1+x^2}+x|+C$; (8) $\frac{1}{2}\arcsin x+\frac{x}{2}\sqrt{1-x^2}+C$;

(9) $\frac{x}{a\sqrt{a^2-x^2}}+C$; (10) $\frac{1}{4}\frac{\sqrt{x^2-4}}{x}+C$.

B 组

1. (1) $2\sqrt{1+\sin^2 x}+C$;　　(2) $\frac{1}{2}\ln(1+x^2)+\frac{1}{2}(\arctan x)^2+C$;

(3) $\frac{1}{2}\cos x-\frac{1}{10}\cos 5x+C$;　　(4) $\frac{1}{2}\cos x-\frac{1}{10}\cos 5x+C$;

(5) $-\frac{10^{2\arccos x}}{2\ln 10}+C$;　　(6) $\arcsin x-\frac{x}{1+\sqrt{1-x^2}}+C$.

2. (1) $\frac{1}{2}F(2\sin x)+C$;　　(2) $-\frac{1}{2}F(1-x^2)+C$;

(3) $\frac{1}{2}F(\tan^2 x)+C$;　　(4) $\arctan F(x)+C$.

习题 4-4

A 组

1. (1) $-x\cos x+\sin x+C$;　(2) $x\tan x+\ln|\cos x|+C$;

(3) $-x\cos(x+1)+\sin(x+1)+C$;　(4) $\frac{1}{6}x^3+\left(\frac{1}{2}x^2-1\right)\sin x+x\cos x+C$;

(5) $(x^2-2x+2)e^x+C$;　(6) $-(x+1)e^{-x}+C$;

(7) $\frac{x^2}{2}\ln(x-1)-\frac{x^2}{4}-\frac{x}{2}-\frac{1}{2}\ln|x-1|+C$;　(8) $x\ln(x^2+1)-2(x-\arctan x)+C$;

(9) $x\arcsin x + \sqrt{1-x^2} + C$;　(10) $x\arctan x - \frac{1}{2}\ln(1+x^2) + C$;

(11) $\frac{1}{2}e^x(\sin x + \cos x) + C$;　(12) $\frac{4}{13}e^{2x}\left(\frac{1}{2}\sin 3x - \frac{3}{4}\cos 3x\right) + C$;

(13) $2(\sqrt{x}\sin\sqrt{x} + \cos\sqrt{x}) + C$;　(14) $3e^{\sqrt[3]{x}}(\sqrt[3]{x^2} - 2\sqrt[3]{x} + 2) + C$;

(15) $\frac{x}{2}[\sin(\ln x) - \cos(\ln x)] + C$;　(16) $x\ln(x+\sqrt{1+x^2}) - \sqrt{1+x^2} + C$.

2. $\int xf'(x)dx = xf(x) - F(x) + C$.

3. $\int xf''(1-x)dx = -xf'(1-x) - f(1-x) + C$.

4. 略.

B 组

(1) $-\frac{e^{-2t}}{2}\left(t + \frac{1}{2}\right) + C$;

(2) $\frac{1}{2}(x^2-1)\ln(x-1) - \frac{1}{4}x^2 - \frac{1}{2}x + C$;

(3) $-\frac{1}{2}\left(x^2 - \frac{3}{2}\right)\cos 2x + \frac{x}{2}\sin 2x + C$;

(4) $-\frac{1}{x}(\ln^3 x + 3\ln^2 x + 6\ln x + 6) + C$;

(5) $\frac{x}{2}(\cos\ln x + \sin\ln x) + C$;

(6) $x(\arcsin x)^2 + 2\sqrt{1-x^2}\arcsin x - 2x + C$.

习题 4-5

A 组

1. (1) 二阶；(2) 一阶；(3) 二阶；(4) 一阶.

2. (1) 是；(2) 是；(3) 是；(4) 是.

3. (1) $y = Ce^{-\sin x}$;　(2) $y = \sqrt[3]{3\ln(1+e^x) + C}$;

(3) $y = Ce^{-x} + 3(x-1)$;　(4) $y = x^2(1 + Ce^{\frac{1}{x}})$.

4. (1) $x^2 + y^2 = 16$;　(2) $y = \ln(e^x + e^2 - 1)$.

(3) $\cos y = \frac{\sqrt{2}}{2}\cos x$;　(4) $y = 2e^{2x} - e^x + \frac{1}{2}x + \frac{1}{4}$;

5. (1) $y = e^x - \cos x + C_1 x^2 + C_2 x + C_3$；(2) $y = C_1 x^2 + C_2$;

(3) $y=(x-2)\mathrm{e}^x+C_1x+C_2$;(4) $y=\dfrac{2}{3}\left(\dfrac{1}{2}x+C_2\right)^3+C_1$.

B 组

1.(1) $(x-4)y^4=Cx$;   (2) $(\mathrm{e}^x+1)(\mathrm{e}^y-1)=C$;

2.(1) $y=-x+\tan(x+C)$;   (2) $y=\dfrac{1}{x}\mathrm{e}^{Cx}$.

自测题四

1.(1) $\dfrac{1}{2}F(1+2x)+C$;(2) $\dfrac{1}{1+\sin^2 x}+C$;(3) $2\arctan x+C,\ln(1+x^2)+C$;

(4) $\sin x,\dfrac{1}{3}\sin^3 x+C$;(5) $-\dfrac{1}{3},-\dfrac{1}{3}\ln|2-3x|+C$;

(6) $\ln 3x,\dfrac{1}{2}\ln^2 3x+C$;(7) $\mathrm{e}^{f(x)}+C$;(8) $-\dfrac{1}{2},-\dfrac{1}{2}x\mathrm{e}^{-2x}-\dfrac{1}{4}\mathrm{e}^{-2x}+C$.

2.(1)A;(2)D;(3)B;(4)D;(5)A;(6)C;(7)C;(8)B;(9)B.

3.(1) $\dfrac{x^2}{2}+2x+4\ln|x-2|+C$;   (2) $-\dfrac{1}{x+1}+\dfrac{1}{2(x+1)^2}+C$;

(3) e^x-x+C;   (4) $\dfrac{1}{4}\ln|3+4\sin x|+C$;

(5) $\dfrac{1}{2}\tan^2 x+C$;   (6) $x\mathrm{e}^x-2\mathrm{e}^x+C$;

(7) $\dfrac{x^3}{3}\ln x-\dfrac{1}{9}x^3+C$.

4.(1) $y=C(1+x^2)$;   (2) $y=C\mathrm{e}^{2x}-\mathrm{e}^x$;

(3) $y=\dfrac{1}{x}x^3+\dfrac{1}{2}x^2+C$;   (4) $10^{-y}+10^x=C$.

习题 5-1

A 组

1.略.

2.0.

3.$\displaystyle\int_{-1}^{2}(x^2+1)\mathrm{d}x$.

4.$\displaystyle\int_{1}^{3}(2+t^2)\mathrm{d}t$.

5.(1) $-$;(2) $+$;(3) $+$;(4) $+$.

6.(1)6;(2)$\frac{5}{2}$;(3)0;(4)$\frac{\pi R^2}{4}$.

7.(1)$\leq$;(2)$\leq$;(3)$\leq$;(4)$\geq$.

8.(1)$[1,2]$;(2)$\left[0,\frac{\pi}{2}\right]$.

B 组

1.(1)$\geq$;(2)$\geq$.

2.略.

习题 5-2

A 组

1.不会.

2.不可以,被积函数在积分区间上不连续.

3.(1)12;(2)$-\frac{4}{3}$;(3)8;(4)12;(5)10;(6)$\ln\frac{3}{2}$;(7)$2e^{\frac{3}{2}}-2e^{\frac{1}{2}}+3\ln 3$;
(8)$\frac{3e-1}{1+\ln 3}$;(9)$\frac{\pi}{2}$;(10)$\frac{\pi}{3}$;(11)$\frac{1}{2}\ln 2$;(12)$\sqrt{3}-\frac{2}{3}\pi$;(13)$-e^{\frac{1}{2}}+e$;(14)1;
(15)$1-\frac{\pi}{4}$;(16)$\frac{\pi}{2}$.

4.(1)$\frac{1}{1+x^2}$;(2)$-\sqrt{1+x^3}$;(3)$2x\ln(x^4+2)$;(4)$-2xe^{x^2}+3x^2e^{x^3}$.

5.3.

B 组

1.(1)$\frac{3x^2}{\sqrt{1+x^{12}}}-\frac{2x}{\sqrt{1+x^8}}$;(2)$(\sin x-\cos x)\cos(\pi\sin^2 x)$.

2.(1)$\frac{1}{2}$;(2)1;(3)1;(4)2.

习题 5-3

A 组

1.(1)$\frac{1}{10}(7^5-5^5)$;(2)$\frac{1}{4}(e^4-1)$;(3)$\frac{1}{2}$;(4)$\frac{31}{20}$;(5)$\frac{1}{2}\ln^2 3$;(6)0;(7)$\frac{1}{6}(5\sqrt{5}-1)$;

$(8) 0 ; (9) \dfrac{4}{3} ; (10) \dfrac{1}{2} ; (11) -\dfrac{\sqrt{2}}{2} ; (12) \ln\dfrac{2e}{1+e} ; (13) 1-\dfrac{\sqrt{2}}{2} ; (14) \dfrac{\pi^2}{8} ; (15) \dfrac{3}{4}(\sqrt[3]{2}-1) ;$

$(16) -\dfrac{8}{\pi} ; (17) \ln 2 ; (18) -\dfrac{\sqrt{3}}{6} ; (19) \dfrac{1}{2}(1-\ln 2) ; (20) 0.$

2. $(1) 2\left(1-\dfrac{\pi}{4}\right) ; (2) 1 ; (3) \dfrac{\pi}{2} ; (4) \dfrac{5}{3} ; (5) \dfrac{3}{2}+3\ln\dfrac{3}{2} ; (6) 2 ; (7) \dfrac{3}{2}\ln\dfrac{5}{2} ;$

$(8) \sqrt{2} - \dfrac{2\sqrt{3}}{3}.$

3. $(1) 1 ; (2) \dfrac{e^2+1}{4} ; (3) \dfrac{\pi}{12}+\dfrac{\sqrt{3}}{2}-1 ; (4) 2\ln^2 2 - 4\ln 2 + 2 ;$

$(5) \pi - 2 ; (6) \ln 2 - \dfrac{1}{2} ; (7) \dfrac{e^{\frac{\pi}{2}}-1}{2} ; (8) 2 ; (9) e-2 (10) \pi^2 ;$

B 组

1. $(1) \dfrac{3\pi}{2} ; (2) 0.$

2. 提示:令 $1-x=t$.

3. 提示:令 $a+b-x=t$.

4. $-1.$

习题 5-4

A 组

1. $(1) e + \dfrac{1}{e} - 2 ; (2) 4 ; (3) \dfrac{3}{2} - \ln 2 ; (4) 1 ; (5) \ln 4 ; (6) \dfrac{4}{3}.$

2. $(1) \dfrac{1}{5}\pi ; (2) 8\pi ; (3) \dfrac{\pi}{2}(e^2+1) ; (4) \dfrac{\pi}{2}(e^2-1) ; (5) \dfrac{1}{2}\pi.$

3. $7\dfrac{1}{2} - 4\ln 4, 9\pi.$

4. $0.220\ 5\ \mathrm{J}.$

5. $7.7 \times 10^3\ \mathrm{J}.$

6. $21r\ \mathrm{N}.$

7. $9\ 800, 9\ 400.$

8. $8\ 500$ 元,85 元.

9. $1\ 700$ 元.

B 组

1. $(1) 2(\sqrt[3]{2}-1) ; (2) \dfrac{7}{6} ; (3) \dfrac{32}{3} ; (4) \dfrac{4}{3}.$

2. (1) $\dfrac{48}{5}\pi, \dfrac{24}{5}\pi$; (2) $160\pi^2$.

3. 1.73×10^4 N.

4. (1) 460 万元; (2) 2 000 万元.

5. 680.8 kg.

自测题五

1. (1) $b-a, 0$; (2) 1; (3) $e-1$; (4) $1-\dfrac{2}{e}$; (5) 原函数; (6) $\int_a^b [f(x)-g(x)]dx$;
(7) $1\ 000Q - Q^2$.

2. (1) C; (2) D; (3) A; (4) A; (5) C; (6) A; (7) C; (8) B.

3. (1) 6.5; (2) 0; (3) $\dfrac{\pi}{24}$; (4) $7+2\ln 2$; (5) $\dfrac{\pi}{16}$; (6) $8\ln 2 - 4$; (7) $-\dfrac{1}{2}(e^{-1}-1)$;
(8) $\dfrac{3}{2}$.

4. (1) $4-3\ln 3$; (2) $\dfrac{8}{3}\pi$.

5. (1) 2.5 百台, 6.25 万元; (2) 0.25 万元.

参 考 文 献

[1] 同济大学数学教研室. 高等数学(上册)[M]. 3版. 北京:高等教育出版社,1996.
[2] 同济大学,天津大学,等. 高等数学[M]. 北京:高等教育出版社,2001.
[3] 侯风波. 高等数学[M]. 3版. 北京:高等教育出版社,2000.
[4] 同济大学应用数学系. 高等数学[M]. 3版. 北京:高等教育出版社,2002.
[5] 白景富,刘严. 新编高等数学[M]. 3版. 大连:大连理工大学出版社,2003.
[6] 卢春燕,魏运. 经济数学基础[M]. 北京:北京交通大学出版社,2006.
[7] 葛文侠. 高等数学[M]. 武汉:武汉理工大学出版社,2010.
[8] 林漪. 高等数学[M]. 北京:北京理工大学出版社,2010.
[9] 朱学荣. 高等应用数学[M]. 北京:北京理工大学出版社,2011.
[10] 于宏坤. 高等应用数学[M]. 北京:机械工业出版社,2012.
[11] 刘之林,鲁韦昌,李元红. 高等数学(建筑与经济类)[M]. 2版. 北京:北京理工大学出版社,2015.

散文卷